The LITTLE WOMEN COOKBOOK

작은 아씨들 쿡북

마치 자매들과 가족, 친구들의
사랑 넘치는 비밀의 레시피

위니 모란빌
루이자 메이 올컷

더모던
Themodern

옮긴이 이영래

이화여자대학교 법학과를 졸업하고 리츠칼튼 서울과 이수그룹에서 근무했다. 현재 번역에이전시 엔터스코리아에서 전문 번역가로 활동하고 있다. 《내 아이와 처음 시작하는 돈 이야기》, 《아웃사이트 : 변화를 이끄는 행동 리더십》, 《로켓CEO : 맥도널드 창업자 레이 크록 이야기》, 《히든 솔루션 : 어떻게 숨은 기회를 발견할 것인가》, 《고객서비스 혁명 : 마케팅 전쟁의 승패를 결정짓는 고객서비스의 힘》, 《코드 경제학 : 4만 년 인류 진화의 비밀》, 《알리바바 : 영국인 투자금융가가 만난 마윈, 중국, 그리고 미래》 등을 번역했다.

작은 아씨들 쿡북

초판 1쇄   2020년 6월 30일

지은이   위니 모란빌, 루이자 메이 올컷
옮긴이   이영래

펴낸곳   더모던
전화   02-3141-4421
팩스   02-3141-4428
등록   2012년 3월 16일(제313-2012-81호)
주소   서울시 마포구 성미산로32길 12, 2층 (우 03983)
전자우편 sanhonjinju@naver.com
카페   cafe.naver.com/mirbookcompany

ISBN 979-11-6445-293-4 13590

파본은 책을 구입하신 서점에서 교환해 드립니다.
책값은 뒤표지에 있습니다.

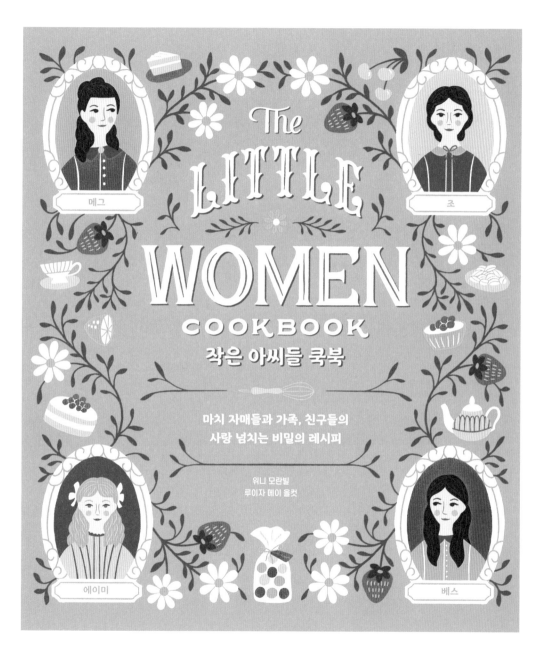

메그

조

The LITTLE WOMEN
COOKBOOK
작은 아씨들 쿡북

마치 자매들과 가족, 친구들의
사랑 넘치는 비밀의 레시피

위니 모란빌
루이자 메이 올컷

에이미

베스

차례

Chapter 4
자매들의 달콤한 간식, 디저트, 음료

음식이란, 눈으로 볼 수 있는 사랑

우리가 사랑하는 소설 《작은 아씨들》의 주인공들은 따뜻한 마음을 표현할 때 음식을 나눕니다. 소설의 시작이 바로 메그, 조, 베스, 에이미가 크리스마스 아침 식사로 마련한 음식을 가난한 독일인 이민자 가족에게 양보하는 모습이지요. 집으로 돌아온 소녀들은 빵과 우유만으로 식사합니다. 로리와 알게 되고 얼마 지나지 않았을 무렵 조는 감기를 앓고 있는 로리의 집으로 병문안을 갑니다. 그리고 메그가 만든 블라망주를 전해주며 이렇게 말하죠. "부드러워서 목이 아파도 잘 삼킬 수 있을 거야."

이 가난한 가족의 하녀인 해나는 구시렁구시렁 불평을 늘어놓으면서도 매일 아침 추운 등굣길과 출근길에 자매들의 손을 데워줄 뜨거운 파이를 굽습니다. 베스가 성홍열로 앓아누웠을 때 "메그는 사랑하는 동생을 위해 하얀 손을 기꺼이 더럽히고 데어가며" 맛있는 죽을 만들었습니다.

조가 "목숨보다 사랑하는 사람들"을 위해 돈을 벌려고 작가로서 애쓰는 모습에서는 아마도 모두가 감동했을 것 같습니다. 조는 "한겨울의 딸기부터 침실의 오르간까지" 베스가 원하는 것이라면 무엇이든 해줄 수 있을 만큼 돈을 벌기를 꿈꿉니다. 메

그의 남편 존은 "병약한 처제에게 그녀가 좋아하는 과일을 사주는 즐거움을 누리기 위해" 몰래 푼돈을 따로 떼어둡니다.

음식을 통한 가르침도 있습니다. 요리가 아주 쉽다고 생각한 자매들은 엄마의 아침 식사를 만들어보려 합니다. 차는 쓰고, 오믈렛은 시커멓게 눌어붙고, 비스킷은 엉망이 되자 자매들은 해나가 말하듯이 집안일은 장난이 아니라는 것을 배웁니다. 또한 조와 에이미는 종종 친구들을 대접하려다가 엉뚱한 결과를 얻고 말죠. 하지만 두 사람은 그 과정에서 몇 가지 삶의 교훈을 얻습니다. 메그와 남편 존은 엉망이 된 메그의 젤리 때문에 심하게 다투지만 얼마 후 그 젤리가 "세상에서 가장 달콤한 젤리"라는 데 동의합니다. 그 소동이 두 사람을 한층 가까워지게 만들었기 때문입니다.

파티나 사교 행사에서도 음식은 중요한 역할을 합니다. 메그와 로리는 무도회에서 '봉봉 앤 모토' 포장지의 현명한 글귀들을 읽으며 함께 웃습니다. 물론 메그와 조는 파티의 이야기를 빠짐없이 들으려고 늦게까지 기다리는 동생들을 위해 사탕 몇 개를 가져다주죠. 에이미는 사회적 지위를 유지하기 위해 학급 친구들에게 '라임 피클'을 나눠주겠다고 주장합니다. 슬프게도 그녀의 노력은 허사로 돌아갔죠.

아시다시피 이 책의 마지막 장면은 피크닉입니다. 마치 가족들은 사과 따기 축제 날 조가 마치 대고모에게 물려받은 플럼필드에 모입니다. 조와 메그는 "풀밭 위에 새참을 차립니다. 야외에서 갖는 티타임은 하루 중 가장 즐거운 순간이기 때문"입니다. 이어서 바닥에 흐른 우유와 꿀, 뜀을 뛰고, 파이를 먹고, 나무 위에 올라가 노래를 부르는 아이들, 쿠키와 턴오버가 흩어진 과수원, 주먹으로 주전자 속의 우유를 젓

는 아이의 모습이 그려집니다. 자매들과 마치 부인이 그날의 수확과 그들의 삶에 대해 이야기를 나누는 이 소풍은 뭉클하고 훈훈합니다. 마치 부인의 감격에 젖은 바람으로 책은 마무리됩니다. "아, 우리 딸들, 너희들이 앞으로 얼마나 살든 지금만큼만 행복하면 소원이 없겠다!"

이 책에서 소개하는 50개의 레시피는《작은 아씨들》속에서 음식이 전하는 온기와 행복을 떠올려줄 것입니다. 통곡물 팬케이크, 파운드 포테이토, 블라망주, 콘비프, 아스파라거스, 봉봉 앤 모토, 커런트 젤리 소스, 진저브레드 등 많은 레시피들이 책 속 요리에서 영감을 받은 것들입니다.

책 속 사건에서 영감을 얻은 요리도 있습니다. 메그, 조, 베스, 에이미와 친구들은 종종 음식을 두고 모이는데 어떤 음식인지 구체적으로 쓰여 있지 않아요. 따라서 이때 등장할 만한 요리의 레시피도 포함했습니다. 우선 해나가 가족들의 저녁 식사로 준비했을 법한 음식들이 들어갑니다. 에이미가 미술학교 친구들을 위해 계획한 파티나 로리의 보트 피크닉과 같은 큰 모임을 위한 요리도 있고요. 에이미가 프랑스 여행 중에 발견했을 법한 프렌치 요리 레시피도 몇 가지 더했지요.

또한 1850~1880년대에 출간된 미국 요리책을 폭넓게 검토해서 마치 가족의 문화와 어울리는 또 다른 음식도 상상해보았습니다. 당시에 특히 인기 있었던 요리라면 틀림없이 즐기지 않았을까요? 예를 들어, 제가 보았던 거의 모든 요리책에는 '마카로니 앤드 치즈' 레시피가 실려 있었고 기꺼이 책에 넣었습니다.

마지막으로 저는 스스로 물었습니다. 유서 깊은 이 레시피들 중에서 우리가 지금 당장 만들어 먹고 싶은 요리는 무엇일까? 고개를 갸웃거리게 되는 맛들도 있거든요.

그래서 에이미가 친구들과 나눠 먹는 군것질, '라임 피클'은 정식 레시피로 소개하지 않았습니다. 미각의 모험을 즐기는 이들이라면 재미 삼아 소금, 마늘, 정향, 식초, 후추, 겨자에 절인 통 라임을 맛볼 수도 있겠지만, 대신 조금 바꾸어 라임 프로스팅과 라임 젤리 한 조각을 얹은 '라임 피클' 슈거 쿠키로 선보입니다.

반면에 매우 익숙한 맛이라면 재해석해서 소개하기도 했습니다. 베어 씨가 마치 가족에게 선물한 과일과 견과는 매력적인 트라이플로 재탄생했지요. 누구든 좋아할 디저트입니다.

모든 레시피들이 마치 가족들이 사용했던 것과 정확하게 같은 방법이면 좋았겠다고요? 그렇다면 블라망주를 만들기 위해 송아지 발부터 다듬어야 할 테고, 마카로니 앤드 치즈 윗부분을 갈색으로 만들기 위해 삽을 화덕에 넣고 달군 뒤 접시 위에 들고 있어야 할 텐데요. 제 레시피는 현대적인 방법, 즉 전기는 물론 요즘 기구를 이용하며 시판 베이킹 믹스도 사용합니다. 하지만 대부분 원재료에서부터 시작하는 요리를 고수했습니다. 모든 레시피는 마치 가족이 함께 즐겼을 요리의 분위기에 다가가는 데 목적을 두었습니다.

저는 10대 시절 《작은 아씨들》에 매료되어서 여러 번 되풀이해 읽었습니다. 특히 위노나 라이더Winona Ryder가 너무나 사랑스러운 조로, 가브리엘 번Gabriel Byrne이 매력적인 베어 씨로 출연하는 1994년작 영화를 본 후에는 책을 다시 읽지 않을 수 없었습니

다. 음식 전문 작가이자 편집자인 저는 오랫동안 집안 대대로 전해오는 전통 레시피에 매력을 느꼈고, 오래전 어머니들이 가족을 위해 만들었던 요리를 탐구하는 책을 꿈꾸었습니다. 《작은 아씨들》을 배경으로 하는 요리책을 쓸 기회가 생기자 저는 망설이지 않고 뛰어들었습니다. 이 책이 출간될 즈음 새로운 영화도 개봉됩니다. 요즘 가장 주목받는 두 젊은 배우, 시얼샤 로넌Saoirse Ronan과 티모시 샬라메Timothée Chalamet가 각기 조와 로리를 연기한다고 하니 기대가 큽니다.

이 요리책을 준비하면서 저는 다시 《작은 아씨들》과 사랑에 빠졌습니다. 이 책이 당신에게도 그런 기회를 주기를 바랍니다. 무엇보다, 이 책에 있는 음식을 나누며, 마치 가족이 느꼈던 감정을 당신도 얻기를 바랍니다. 음식을 함께 나누는 데에서 오는 기쁨과 감사를 통해 당신이 가장 아끼는 사람들에게 한 걸음 더 다가설 수 있게 되기를 바랍니다.

"아, 우리 딸들! 지금처럼만 행복하렴!"

루이자 메이 올컷의 과수원 집(Orchard House). 올컷은 매사추세츠 주 콩코드에 있는 이 집에서 《작은 아씨들》을 썼다. 유난히 사과가 많이 등장하는 이유다.

메그 조 베스 에이미

Chapter 1

해나의
따뜻한 아침 식사

사랑스러운 마치 가 네 자매 스타일의
풍성한 아침 식사로 하루를 활기차게 열어볼까요?
옥수수 가루나 메밀가루를 이용한 팬케이크,
엄마를 위해 만든 조의 오믈렛, 에이미가 가장 좋아하는 크리스마스 머핀,
사과를 넣은 달콤한 오트밀 포리지 등을
그 시대 정통 레시피로 만들어봅시다.
해나의 전설적인 턴오버를 직접 구울 수도 있어요.
진한 버터 향이 나는 여러 겹의 페이스트리는
마치 가의 식탁에서 그랬던 것처럼 큰 인기를 끌 겁니다.

메밀 팬케이크
Buckwheat Pancakes

 9장(4인분+1장) 만들기

"가여운 어린아이들에게 음식 갖다주는 일을
도우면 안 될까요?" 베스가 간절하게 물었다. (…)
메그는 이미 메밀빵을 싸서 큰 접시에 담고 있었다.

메밀 팬케이크를 모르신다고요? 1850~1880년 사이에 출간된
100개 이상의 요리책이 메밀 팬케이크 레시피를 소개했습니다.
당시에 매우 사랑받던 음식임이 틀림없어요. 크리스마스 아침
에 마치 가의 네 자매가 가난한 훔멜 가족에게 양보하는 아침 식
사도 메밀 팬케이크였잖아요. 그때도 지금도 이 따뜻한 케이크
로 모든 배고픈 아이들에게 온정을 가득 채워줄 수 있을 거예요.

메밀 팬케이크의 인기는《작은 아씨들》의 시대 이후 한동안 시
들었습니다만, 요즘 다시 인기를 되찾고 있어요. 사람들이 섬유
소가 많은 통곡물 음식을 아침상에 올리려고 노력하기 시작하면
서부터요. 견과류가 바삭 씹히는 이 맛있는 팬케이크를 한번 맛
보는 순간, 여러분도 메밀 팬케이크에 사로잡히고 말 겁니다.

다목적용 밀가루 1/3컵과 1큰술(50g)
메밀가루 1/3컵과 1큰술(49g)
설탕 2큰술(26g)
베이킹 소다 1작은술(4.6g)
소금 1/2작은술
무염 버터 6큰술(85g)
버터밀크 1컵(235㎖)
달걀 큰 것 1개, 가볍게 휘저어 놓는다.
메이플 시럽, 상차림용

1. 중간 크기의 볼에 다목적용 밀가루, 메밀가루, 설탕, 베이킹 소다,
   소금을 넣어 섞는다. 혼합된 가루의 중앙에 구멍을 만든다. 다른
   중간 크기 볼에서 버터밀크와 달걀을 섞어서, 반죽의 구멍에 붓
   고 부드럽게 저어 섞는다.

2. 버터 3큰술(43g)을 전자레인지에 넣어 녹인다. 녹은 버터를 반죽
   에 천천히 넣으면서 혼합물에서 가루가 일어나지 않을 때까지 잘
   섞는다. 지나치게 많이 젓지는 않는다.

3. 코팅 처리가 된 25cm 프라이팬(너무 큰 팬을 사용하지 않는다. 반죽
   이 지나치게 넓게 퍼지기 때문이다)을 중불에 올려 달군다. 버터 1큰
   술(14g)을 넣고 녹을 때까지 가열하고, 팬을 기울여가며 녹은 버
   터로 바닥을 고르게 코팅한다.

4. 달구어진 팬에 반죽을 부어 10cm 크기의 케이크 3개를 만든다
   (팬케이크 하나당 약 1/4컵, 60㎖의 반죽을 사용한다). 바닥이 갈색이
   되고 뒤집어도 좋을 만큼 단단해질 때까지 약 2분간 굽는다. 케
   이크를 뒤집고 다른 면도 갈색이 되고 가장자리가 건조해지면서
   팬케이크가 완전히 익을 때까지 1~2분 더 굽는다. 남은 버터와
   반죽으로 굽는 과정을 반복한다. 케이크가 따뜻할 때 메이플 시
   럽과 함께 낸다.

'인디언 밀' 팬케이크
"INDIAN MEAL" GRIDDLE CAKES

《작은 아씨들》 시절에는 옥수수 가루를 '인디언 밀'이라고 불렀습니다. 아메리카산 곡물의 정수라 할 수 있는 재료라서, 자연히 옥수수 가루를 이용하는 레시피들이 대단히 인기가 높았죠. 새댁이 된 메그가 사용했던 요리책 《젊은 주부의 친구The Young Housekeeper's Friend》에도 인디언 푸딩, 생선튀김, 네 가지의 옥수수 케이크 레시피, 다양한 빵 등 온갖 레시피가 소개됩니다.

메그의 요리책에는 버터밀크로 만드는 번철 케이크의 레시피도 담겨 있었는데, 그 레시피에서 영감을 얻어 이 맛있는 황금색 팬케이크가 탄생했습니다. 소시지, 블루베리 등 곁들이는 재료를 달리하면, 가장자리는 바삭하고 속은 폭신한 이 팬케이크가 손을 멈출 수 없는 아침 식사 메뉴가 되어줄 것입니다.

15장(4~6인분) 만들기

다목적용 밀가루 1컵(125g)
옥수수 가루 3/4컵(105g)
설탕 2큰술(26g)
베이킹파우더 1작은술(4.6g)
베이킹 소다 1작은술(4.6g)
소금 1/2작은술
버터밀크 1과 3/4컵(410㎖)
달걀 큰 것 2개, 가볍게 휘저어 놓는다.
퓨어 바닐라 익스트랙트 1작은술(5㎖)
무염 버터 3큰술(42g), 녹여서 준비한다.
식물성 기름
추가 버터와 메이플 시럽, 상차림용

1. 중간 크기의 볼에 다목적용 밀가루, 옥수수 가루, 설탕, 베이킹 파우더, 베이킹 소다, 소금을 넣어 섞는다. 혼합된 가루의 중앙에 구멍을 만든다. 다른 작은 크기 볼에서 버터밀크와 달걀, 바닐라를 휘저어 거품을 낸다. 버터밀크 혼합물을 구멍에 붓고 부드럽게 저어 섞는다. 녹은 버터를 반죽에 넣어 섞는다.

2. 코팅 처리가 된 번철이나 프라이팬에 식물성 기름을 얇게 바르고 중강불에서 달군다. 뜨거운 번철이나 팬에 케이크 하나당 1/4컵(60㎖)이 조금 못 되는 반죽을 붓고, 바닥이 황갈색이 될 때까지 1~2분 굽는다. 케이크를 뒤집어 다른 면도 황갈색이 되고 케이크가 완전히 익을 때까지 1~2분 더 굽는다. 케이크가 따뜻할 때 버터와 메이플 시럽을 곁들여 낸다.

블루베리 '인디언 밀' 팬케이크

케이크에 블루베리를 몇 알씩 얹어주면 특별한 맛이 추가됩니다. 번철이나 팬에 반죽을 부은 뒤 반죽에 아직 습기가 남아 있을 때 케이크 하나당 5알의 블루베리를 뿌리세요. 나머지 조리법은 동일합니다. 팬케이크 15장을 굽는 데 블루베리가 1컵 정도 필요할 거예요.

에이미의 '크리스마스' 머핀
AMY'S "CHRISTMAS DAY" MUFFINS

12개 만들기

"저는 크림과 머핀을 가져갈게요." 가장 좋아하는 음식을
포기한 에이미가 의기양양하게 한마디 보탰다.

에이미는 비장하리만치 진지한 심정으로 무척이나 좋아하는 머
핀을 크리스마스 날 홈멜 가족에게 양보했습니다. 어떤 종류의
머핀이었는지 정확히 알 수가 없네요. 다만 《작은 아씨들》 시대
의 머핀은 지금 우리가 즐기는 것과는 달랐다는 걸 알아두세요.
대개 단맛이 나는 조미료나 과일이 들어가지 않은 작은 빵이었어
요. 대개 번철 위에 링을 두고 구웠고요. 그렇지만 지금처럼 오븐
에 굽는 레시피도 물론 있었습니다.
언제나 최고를 알아보는 에이미라면 분명 지금 소개하는 이 달콤
한 머핀을 가장 좋아하는 메뉴로 즐겼을 것 같습니다.

건 크랜베리 1/2컵(60g)
끓인 물
다목적용 밀가루 2컵(250g)
설탕 1/2컵(100g)
베이킹파우더 2작은술(9.2g)
계피 가루 1/2작은술
소금 1/2작은술
베이킹 소다 1/4작은술
달걀 큰 것 2개, 가볍게 휘저어 놓는다.
버터밀크 1컵(235㎖)
퓨어 바닐라 익스트랙트 1작은술(5㎖)
오렌지 제스트 1과 1/2작은술(3g) (105쪽 노트 참조)
무염 버터 4작은술(55g), 녹여서 준비한다.

---

1. 오븐을 200℃로 예열한다. 12구 머핀 팬에 기름을 얇게 바른다.

2. 볼에 건 크랜베리를 넣고 끓는 물을 부어 놓는다.

3. 큰 볼에 밀가루, 설탕, 베이킹파우더, 계피, 소금, 베이킹 소다를
넣어 섞는다. 밀가루 혼합물 중앙에 구멍을 만든다. 중간 크기 볼
에 달걀, 버터밀크, 바닐라, 오렌지 제스트를 넣어 섞는다. 버터
밀크 혼합물을 구멍에 붓고 젖은 재료들이 마른 재료들 속으로
스며들도록 부드럽게 저어준다. 모든 재료가 잘 섞일 때까지 버
터를 부드럽게 섞는다(반죽은 덩어리가 져야 한다).

4. 건 크랜베리를 건져 반죽에 섞는다. 반죽을 준비된 머핀 팬에 떠
넣는다. 머핀 컵은 3/4 정도만 채운다(컵을 채우고 반죽이 남더라도
가득 채우지 말고 버리는 것이 좋다).

5. 나무젓가락으로 중앙을 찔러보아 반죽이 묻어나지 않을 때까지
약 15분간 굽는다. 머핀을 팬째 5분간 망에 얹어 식힌다. 컵에서
머핀을 빼내 따뜻할 때 상에 낸다.

마치 부인을 위한 더 맛있는 오믈렛
A BETTER OMELET FOR MARMEE

하지만 차는 너무 썼고 오믈렛은 탔으며 비스킷은 베이킹파우더가 뭉쳐 얼룩덜룩했다. 그래도 마치 부인은 고마워하며 받았고 조가 가고 나서야 마음껏 웃었다.

어느 6월의 아침, 며칠간 게으름을 피우다 지친 메그와 조는 엄마를 위해 아침 식사를 만듭니다. 아쉽게도 부엌일은 그들이 그리던 모습처럼 진행되지는 않았죠.

누구라도 따라할 수 있는 이 레시피라면 누렇게 눌어붙은 오믈렛이 아닌 밝은 황금색의 촉촉한 오믈렛을 만들 수 있습니다.

1인분 만들기
(레시피를 반복하여 원하는 양을 만드세요.)

달걀 큰 것 2개
생 파슬리나 차이브 잎 1큰술(4g), 잘게 썬다.
소금과 후춧가루
무염 버터 1작은술(5g)

1. 작은 볼에 달걀, 파슬리, 소금, 후추를 넣어 잘 저은 후 따로 둔다.

2. 코팅 처리가 된 18cm 프라이팬을 중강불에 올려 달군다. 팬에 버터를 넣고 녹이되 갈색으로 변하게 하면 안 된다. 프라이팬에 달걀 혼합물을 넣는다. 팬을 앞뒤로 흔든 뒤 팬 바닥과 평행하게 포크를 뉘어서 달걀을 부드럽게 휘젓는다(포크가 팬 바닥을 긁지 않도록 한다).

3. 달걀이 반 정도 익으면 젓는 것을 멈추고 모양이 잡힐 때까지 굽는다. 팬을 기울이고 포크나 뒤집개를 이용해서 위쪽 가장자리부터 오믈렛을 조심스럽게 말아준다. 오믈렛이 속까지 다 익는 것을 좋아한다면 불을 끄지 말고 팬 위에 조금 더 놓아둔다.

4. 팬에서 접시로 오믈렛을 굴려 이음새가 보이지 않게 담는다. 따뜻할 때 낸다.

치즈·잼 턴오버
CHEESE AND JAM TURNOVERS

이 턴오버는 가족이 전통처럼 여기는 음식으로 자매들은 '머프(양손을 넣어 따뜻하게 하는 원통형 모피 토시)'라고 불렀다. 다른 별칭이 떠오르지도 않았고 추운 아침에 따끈한 파이를 들면 손이 따뜻해지기 때문이었다. 해나는 아무리 바쁘거나 기분이 안 좋아도 파이만은 꼬박꼬박 만들었다. 자매들이 매섭게 찬 날씨에 먼 길을 걸어야 했기 때문이다.

해나는 마치 가의 네 자매를 위해 매일 아침 뜨거운 턴오버를 만들었습니다. 이 작은 반달 모양의 파이는 출근길과 등굣길에 소녀들의 손을 따뜻하게 덥혔고, 오후에는 안에 든 소에 따라 달콤하거나 고소한 요깃거리가 되었지요. 페이스트리 안에 체더 치즈를 넣고 잼을 조금만 더하면 크게 달지 않으면서 더 고소한 턴오버를 만들 수 있습니다. (달콤한 턴오버를 원한다면 102쪽의 애플 턴오버 레시피를 참조하세요.) 턴오버는 휴일의 아침 식사와 함께해도 좋고, 간식으로도 안성맞춤입니다.

12개 만들기

다목적용 밀가루 1컵(125g)
설탕 1작은술(4g)
소금 1꼬집
무염 버터 8큰술(112g), 조각내어 준비한다.
슈레드 체더 치즈 1컵(114g)
우유 혹은 2% 탈지유 3~4큰술(44~60㎖)과 페이스트리에 바를 추가분
과일잼 혹은 살구나 블랙베리 프리저브(설탕 절임) 1/4컵 (80g)

1. 큰 믹싱 볼에 밀가루, 설탕, 소금을 넣고 섞는다. 거기에 버터를 넣고 페이스트리 블렌더나 테이블 나이프 2개로 버터가 작은 덩어리가 될 때까지 십자 모양으로 조각내며 잘라서 섞는다. 치즈도 섞는다. 우유를 넣고 가루가 촉촉해지고 혼합물들이 서로 뭉치기 시작할 때까지 섞는다. 밀가루 혼합물을 볼의 옆면에 부드럽게 치대서 공 모양으로 만든 후, 작업대 위에 놓고 납작하게 만들어 랩으로 감싼다. 1시간 정도 냉장고에서 휴지시킨다.

2. 오븐을 190℃로 예열한다. 베이킹 시트에 유산지를 깐다.

3. 작업대에 밀가루를 약간 뿌리고 반죽을 3mm 두께로 넓게 편다. 9cm 원형 커터를 이용해서 반죽을 원 모양으로 잘라낸다. 남은 반죽을 모아 다시 편 뒤 원 모양으로 잘라낸다(가능한 간격을 좁게 두고 잘라낸다. 반죽을 재차 많이 치댈수록 페이스트리가 딱딱해지기 때문이다). 반죽이 물러지지 않도록 빨리 작업한다.

4. 작은 수저로 수북이 잼을 떠 각 원 모양 반죽의 중앙에 놓는다. 원모양의 가장자리에 우유를 바르고 반으로 접는다. 포크로 가장자리를 눌러주며 모양을 낸다. 날카로운 칼로 턴오버 하나당 3개씩 칼집을 내 뜨거운 김이 빠져나올 수 있도록 한다. 준비된 베이킹 시트에 턴오버를 정리해 놓는다.

5. 턴오버가 황갈색이 될 때까지 25~30분간 굽는다. 철망 위에서 최소 20분 정도 식힌 뒤 낸다. 소로 들어간 잼이 뜨거울 것이다.

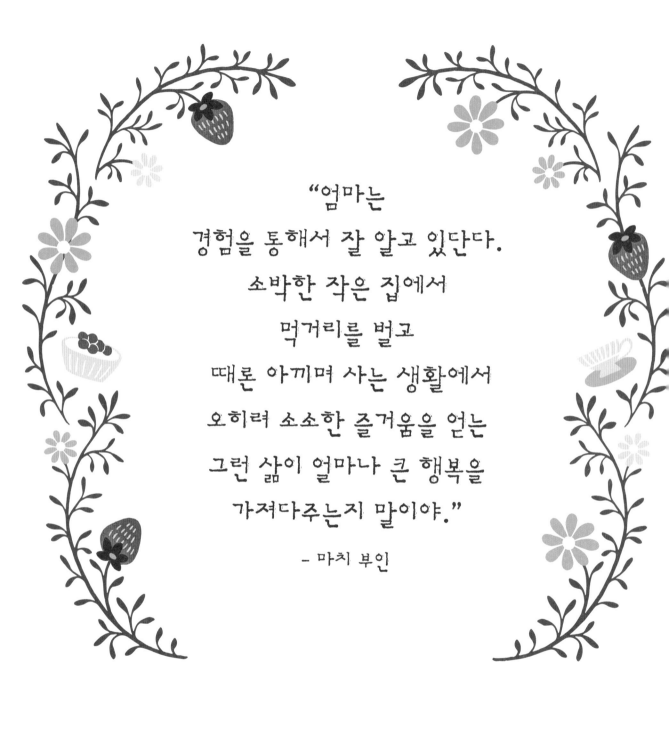

"엄마는
경험을 통해서 잘 알고 있단다.
소박한 작은 집에서
먹거리를 벌고
때론 아끼며 사는 생활에서
오히려 소소한 즐거움을 얻는
그런 삶이 얼마나 큰 행복을
가져다주는지 말이야."

- 마치 부인

밀크 토스트
MILK-TOAST

불우한 이웃을 안락하게 해주고 집으로 돌아가는 자매들보다 더 행복한 사람은 도시 전체에서 아무도 없었을 것이다. 비록 크리스마스 아침에 식사를 양보하고 빵과 우유로 만족해야 해서 배는 고팠지만.

마치 가의 네 자매는 근사하게 준비한 크리스마스 아침 식사를 가난한 독일 이민자 가족에게 양보한 후 집으로 돌아와 빵과 우유만으로 소박한 아침 식사를 합니다. 아침 식사거리가 식빵과 우유뿐이었는데, 해나가 밀크 토스트로 만들었던 것 같아요. 토스트한 빵 위에 따뜻하게 데운 우유를 붓는 요리죠. 밀크 토스트 레시피는 1800년대 중반의 여러 요리책에서 보입니다. 주로 아침 식사로 내지만, 간단한 저녁 식사로도 괜찮아요.

다양한 아침 식사용 시리얼의 등장으로 밀크 토스트의 인기는 사그라들었지만, 완전히 사라져버린 건 아니었어요. 할머니, 할아버지께 여쭤보세요. 어린 시절에 할머니, 할아버지의 어머니들은 아플 때 부드럽게 넘어가는 요리로 밀크 토스트를 해주셨을 겁니다(소화가 잘 안 될 때 특히 좋습니다).

올컷 시대의 밀크 토스트 레시피 대부분은 소금으로만 간을 해요. 여기에 계피와 설탕을 조금 추가하면, 따뜻한 시리얼에 못지않게 간단하고도 만족스러운 요리가 뚝딱 완성됩니다. 몸이 아플 때라도 손쉽게 만들 수 있어요.

 2인분 만들기

일반 우유 혹은 2% 탈지유 1컵(235㎖)
소금
식빵 4장
무염 버터
설탕
계피 가루

1. 작은 소스 팬을 중불에 올리고 김이 오를 때까지 우유를 데운다. 소금을 1꼬집 넣는다. 불에서 내리고 뚜껑을 덮어 따뜻하게 따로 둔다.

2. 식빵을 굽는다. 버터를 바르고 한입 크기로 찢는다. 빵 조각을 속이 깊지 않은 2개의 볼에 나누어 담는다. 토스트 위에 설탕과 계피 가루를 뿌린다. 빵 위에 따뜻한 우유를 부어서 낸다.

사과, 계피, 메이플 시럽을 넣은
오트밀 포리지

OATMEAL PORRIDGE WITH APPLES, CINNAMON, AND MAPLE SYRUP

루이자 메이 올컷의 시대에 오트밀 포리지(따뜻한 오트밀)가 아침 메뉴로 막 인기를 얻기 시작했습니다. 이상하게도 1858년의 한 레시피에는 포리지를 포터poter와 설탕, 혹은 에일ale과 설탕과 먹기도 한다고 적혀 있습니다. 포터와 에일은 아시다시피 맥주의 종류입니다. 괜찮은 아이디어 같네요? 그보다는 1868년의 한 레시피처럼, 따뜻한 우유와 함께 내는 것이 더 나을 듯합니다.

오트밀 포리지는 보통 소금과 설탕으로 맛을 내는데요, 여기서는 뉴잉글랜드에 사는 마치 가족이 가지고 있었을 만한 재료인 계피, 사과, 메이플 시럽 등 몇 가지를 추가합니다. 달콤한 맛의 사과도, 신맛이 나는 사과도 잘 어울리니, 기호에 맞게 선택하세요.

4인분 만들기

물 4컵(946㎖)
옛날식 오트밀 2컵(312g)
사과 중간 크기 2개(약 2컵/300g), 속을 파내고 사방 1.25cm 로 깍둑썬다.
계피 가루 1/2작은술
소금 1/8작은술
메이플 시럽, 황설탕, 따뜻한 우유 혹은 2% 탈지유, 상차림용

1. 큰 소스 팬을 중강불에 올리고 물을 끓인다. 오트밀, 사과, 계피 가루, 소금을 넣어 섞는다.

2. 중불로 줄이고 가끔 저어가면서 사과가 부드러워지고 오트밀이 물을 거의 다 흡수할 때까지 약 5분간 끓인다. 뜨거울 때 메이플 시럽, 황설탕, 따뜻한 우유를 곁들여 낸다.

작은 아씨들의 아침 차림표

메그, 조, 베스, 에이미 시대의 아침 식사는 지금과 매우 달랐을 겁니다. 우선, 시리얼이 드물었어요.
또, 지금의 미국인들이 일상적으로 먹는 것보다 더 푸짐하고 다양한 경향이 있었습니다.
1856년 출간된 《제대로 된 요리Cookery as It Should Be》에서 제시하는 아침 '차림표'를 보여드릴게요.

가을

- 옥수수빵, 호밀 빵, 구운 햄, 수란, 감자튀김
- 콜드 브레드, 찹스테이크, 튀긴 옥수수 죽, 오믈렛
- 콜드 브레드, 튀긴 간, 삶은 달걀, 감자튀김

겨울

- 옥수수빵, 콜드 브레드, 스튜, 삶은 달걀
- 핫케이크, 콜드 브레드, 소시지, 감자튀김
- 콜드 브레드, 크로켓, 오믈렛

봄

- 콜드 브레드, 생선, 삶은 달걀
- 콜드 브레드, 조개 튀김, 삶은 달걀
- 콜드 브레드, 생선, 마른 옥수수알 튀김

여름

- 콜드 브레드, 생선, 버섯 튀김
- 콜드 브레드, 조개 튀김, 밥, 삶은 달걀
- 콜드 브레드, 데친 햄, 삶은 달걀, 마른 옥수수알 튀김

메그　　조　　베스　　에이미

Chapter 2

정겨운 가족,
친구들이 모였을 때

마치 가족과 로런스 가족이 모임을 열 때면
각 가족은 굉장히 다른 음식들을 냅니다.
하지만 어떤 음식이든 손님들을 항상 즐겁게 만들죠.
여러분도 《작은 아씨들》 스타일로 아끼는 사람들과의
피크닉, 저녁 모임, 일요일의 바비큐 파티를 즐겨보세요.
아끼는 사람들과 행복한 시간을 보내세요.

로스트비프 피크닉 샌드위치
ROAST BEEF PICNIC SANDWICHES

 4개 만들기

19세기에 샌드위치는 피크닉은 물론 '저녁 식사' 모임에도 자주 등장하는 요리였습니다. 주된 식사를 낮에 하므로 저녁 식사는 함께하는 사람이 있을 때라도 아주 가볍게 하는 경우가 많았거든요.

이 비프 샐러드 샌드위치에는 피클과 셀러리가 들어갑니다. 둘다 그 시대의 피크닉 메뉴에 자주 등장하는 재료죠. 여러분도 다음 피크닉에는 이 샌드위치를 시도해보세요. 격식을 차리지 않는 뷔페 스타일의 모임이라면 4등분 해서 상에 올려도 좋습니다.

로스트비프 114g, 곱게 다진다.
셀러리 줄기 1대, 잘게 썬다.
적양파 1/4컵(40g), 잘게 썬다.
오이 피클 1/4컵(40g), 잘게 썬다.
마요네즈 1/4컵(60g)
디종 머스터드 1큰술(11g)
무염 버터
통밀 식빵 8장

1. 중간 크기의 볼에 로스트비프, 셀러리, 양파, 피클, 마요네즈, 머스터드를 넣고 잘 섞는다.

2. 식빵 4장의 한 면에 버터를 바르고, 그 위에 로스트비프 혼합물을 나누어 펴 바른 후 남은 빵으로 덮는다. 피크닉용이라면 반으로 자르고 뷔페 스타일로 낸다면 4등분 한다.

치즈, 버터, 셀러리 샌드위치
CHEESE, BUTTER, AND CELERY SANDWICHES

 4개 만들기

마치 가족은 특별한 경우에만 셀러리를 즐겼을 겁니다. 당시에는 채소가 비쌌거든요. 하지만 로리는 파티에 분명 셀러리를 냈을 거예요. 유리병에 셀러리를 꽂아두어서 손님들이 탄성을 지르게 만들었을지도 모르죠(우리가 아는 로리라면 틀림없어요!).

이 샌드위치는 옛날 스타일로 셀러리를 바깥에 보이게 만드는데, 오늘날의 피크닉 스타일에도 더할 나위 없이 잘 어울려요.

무염 버터
통밀 식빵 8장
셀러리 2대, 길이로 얇게 저민다.
소금과 후춧가루
체더 치즈 슬라이스 8장

---

1. 식빵 4장의 한 면에 버터를 바른다. 그 위에 저민 셀러리를 나눠 얹은 후, 밀려나지 않도록 살짝 꾹 눌러준다. 소금과 후추로 간을 한다.

2. 셀러리를 올린 식빵 위에 슬라이스 치즈 2장을 올린다. 남은 식빵을 버터가 발린 면이 아래로 가도록 덮어준다. 샌드위치를 대각선으로 2등분 해 낸다.

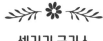

셀러리 글라스

신기하게도 《작은 아씨들》의 시대에는 셀러리가 별미였어요. 부유한 가정에서는 싱싱한 꽃을 장식하듯 아삭한 셀러리 줄기를 장식용 유리 화병에 넣어 식탁에 올리곤 했고 이것을 '셀러리 글라스'라고 불렀죠. 셀러리는 소금에만 찍어서 즐겼습니다. 근사한 정찬에서는 개별적으로 솔트 셀러(salt cellar)라고 하는 소금 그릇을 마련해두었답니다.

'로리 스타일'의 풍성한 피크닉

책의 초반에 로리는 그를 찾은 영국 친구들과 보트를 타고 강을 거슬러 올라가 초원에서 점심 식사를 하는 자리를 마련하고 마치 자매를 초대합니다. 피크닉 날 아침 베스는 창을 통해서 (아마도 로런스 씨 댁의 요리사인) 바커 부인이 바구니에 점심거리를 담는 것을 지켜보죠.

그 바구니들 속을 살짝 들여다보고 싶지 않나요? 소설에서는 안에 무엇이 담겼는지 이야기해주지 않지만 짐작해볼 수 있어요. 로리가 식당과 부엌용으로 각각 텐트를 만들었다는 것을 생각하면 그들이 샌드위치만 씹고 있지는 않았을 거라는 생각이 듭니다. 더구나 로리의 손님들은 영국 상류 계층입니다. 로리와 손님들이 유럽에서 오랫동안 살았던 점을 고려하면 아주 호화로운 영국식 피크닉이 펼쳐졌을 것 같군요.

그렇다면, 1861년 영국에서 출간된 《비튼 부인의 가정 관리Mrs. Beeton's Book of Household Management》가 보여주는 것처럼 도자기 접시 위에 로스트비프, 양고기, 오리고기, 햄, 우설, 송아지고기와 햄을 이용한 파이, 비둘기고기 파이, 바닷가재, 양상추, 오이, 조린 과일, 과일 턴오버, 블라망주, 신선한 과일, 비스킷, 치즈, 스펀지케이크가 차려져 있지는 않았을까요?

이 모든 요리를 해줄 바커 부인이 없다면 로리의 피크닉 스타일을 조금 축소한 다음의 레시피를 이용하면 어떨까요?

- 크래커를 곁들인 치즈 트레이
- 스파이시 데빌드 에그(47쪽)
- 조의 가재 렐리시(41쪽)
- 전통 방식의 로스트비프 텐더로인(38쪽)
- 조의 양상추 샐러드(44쪽)
- 다양한 빵과 롤
- 휘핑크림과 제철 과일을 곁들인 따끈한 스펀지케이크(99쪽)

포도와 아몬드를 넣은 치킨 샐러드
CHICKEN SALAD WITH GRAPES AND ALMONDS

 4인분 만들기

"랍스터를 구하지 못했으니 오늘 샐러드를 빼야겠구나."
마치 씨가 30분 뒤에 들어오며 차분하게 아쉬움을 표현했다.
"닭을 쓰렴. 샐러드에는 닭고기가 질겨도 상관없으니까."
마치 부인이 말했다.
"해나가 닭을 주방 테이블에 놔뒀는데 고양이들이 가져갔어.
정말 미안해, 에이미." 여전히 고양이를 돌보는 베스가 말했다.

미술학교 친구들을 위한 에이미의 디너 파티는 연속해서 난관에
부딪힙니다. 특히 베스의 새끼 고양이들이 자매들이 치킨 샐러
드로 만들려던 닭고기를 먹어버렸을 때 극에 달했죠.

여기에 에이미의 파티와 같은 모임에 딱 맞는 간단한 샐러드 레
시피를 소개합니다. 고양이들에게 닭고기를 빼앗기지 않게 조
심하세요! 그리고 닭고기가 퍽퍽할 것이란 걱정은 마세요. 여기
에서 소개하듯이 구워서 찢으면 부드러움을 유지할 테니까요.

닭가슴살 567g, 뼈와 껍질을 제거한다.
소금과 후춧가루
엑스트라 버진 올리브 오일
건 마카로니 1컵(105g)
붉은 포도 1컵(50g), 씨를 제거하고 반으로 쪼갠다.
셀러리 1대, 얇게 저민다.
적양파 작은 것 1/2개(약 1/4컵[40g]), 잘게 썬다.
아몬드 3큰술(20g), 세로로 조각낸다.
마요네즈 5큰술(74g)
건 타라곤 1/2작은술

1. 오븐을 180℃로 예열한다.

2. 닭가슴살에 소금, 후추로 간을 하고 올리브 오일을 얇게 펴 바른
   다. 얇은 베이킹용 접시에 닭가슴살을 놓고 심부 온도계에 내부
   온도가 77℃로 표시될 때까지 30분 정도 굽는다. 닭고기를 도
   마로 옮겨 충분히 식힌 다음, 2개의 포크를 이용해서 한입 크기
   로 찢는다.

3. 한편에서 포장의 지시에 따라 마카로니를 조리한다. 흐르는 찬물
   에 헹구고 물을 잘 뺀다.

4. 큰 볼에 닭고기와 마카로니, 포도, 셀러리, 양파, 아몬드, 마요네
   즈, 타라곤을 넣어 섞는다. 재료에 마요네즈가 고루 묻도록 한다.
   1~2시간 냉장해서 맛이 잘 어우러지게 한 뒤에 상에 낸다.

전통 방식의 로스트비프 텐더로인
CLASSIC ROAST BEEF TENDERLOIN

《작은 아씨들》 시대에는 일요일 저녁 메뉴로 구운 고기, 특히 소고기와 돼지고기를 자주 먹었습니다. 특별한 날에 단순한 통구이 고기 요리를 먹는 게 좀 싱겁게 느껴진다고요? 천만에요. 당시의 요리사들은 소스와 렐리시로 평범한 고기 요리에 변화를 주는 법을 잘 알고 있었거든요. 아래에 유용한 정보 몇 가지를 귀띔합니다.

비프 텐더로인은 소고기구이 중에 가장 비싸고 푸짐한 요리니까, 마치 씨네보다는 로런스 씨네 식탁에 자주 올랐을 것 같네요. 근사한 정찬이 필요한 특별한 경우라면 이 호화로운 구이 요리를 준비하세요.

4인분 만들기

소고기 안심 900~1135g, 손질해서 준비한다.
엑스트라 버진 올리브 오일 1큰술(15㎖)
소금과 후춧 가루
건 파슬리 가루 1큰술(1.3g)
홀스래디시 소스, 상차림용
메그의 커런트 젤리 소스(다음 쪽), 상차림용

1. 오븐을 220℃로 예열한다.

2. 올리브 오일로 고깃덩어리 전체를 문지른다. 고깃덩어리 전체에 소금과 후추를 고르게 뿌린다. 고기 위에 파슬리를 고르게 문지른다.

3. 낮은 로스팅 팬에 망을 두고 고깃덩어리를 얹는다. 오븐에 넣을 수 있는 심부 온도계를 가장 두꺼운 곳에서 고기의 중앙에 닿도록 꽂는다.

4. 고기가 미디엄-레어로 익을 때까지(60℃) 약 40분 동안 굽는다. 고기를 도마로 옮긴다. 알루미늄 포일로 느슨하게 감싸 15분 동안 둔다(육즙이 재분배되어 고기가 촉촉해진다).

5. 고기를 1.25cm 두께로 자른다. 홀스래디시 소스와 커런트 젤리 소스와 함께 낸다.

로스트비프를 위한 렐리시

비프 텐더로인에 커런트 젤리 소스와 홀스래디시 소스를 곁들이면 달콤한 맛과 매운맛이 좋은 대비를 이룹니다. 아이디어가 더 필요한가요? 1800년대에는 다음과 같은 소스들을 로스트비프와 함께 먹었답니다. 로리의 시대에 그랬듯이 지금도 이 요리와 좋은 궁합을 이룹니다.

- 칠리소스
- 커런트 젤리
- 드레스 캐비지(지금은 코울슬로라고 부르는 양배추 샐러드)
- 피클
- 메이드 머스터드(시판 머스터드를 옛날식으로 이르는 말)
- 크랜베리 소스
- 망고 처트니(47쪽 참조)

메그의 커런트 젤리 소스
MEG'S CURRANT JELLY SAUCE

1/2컵 만들기
(고기 요리에 함께 내면 좋습니다.)

"가여운 젤리 용기들을 보고 비웃은 건 너무했어. 용서해줘, 여보. 다시는 안 그럴게!"
하지만 그는 그랬고, 세상에, 수백 번도 넘게 그랬고 메그도 마찬가지로 둘 다 그것이 그들이 만든 가장 달콤한 젤리라고 말했다. 작은 부부싸움으로 가정의 평화가 유지된 것이다.

존 브룩과 결혼한 지 얼마 지나지 않았을 때, 메그는 커런트(베리류) 젤리를 잔뜩 만들려다 실패합니다. 부엌에서 일어난 이 작은 소동은 부부의 첫 번째 언쟁으로 이어지죠. 그렇지만 두 사람은 화해했고 결국 대실패였던 젤리는 서로에 대한 사랑과 이해를 더 크게 만들어주었습니다.

메그가 커런트 젤리를 잔뜩 만들려 했던 이유는 쉽게 짐작됩니다. 이 과일 설탕 절임은 당시 식탁에 자주 올리던 인기 요리였거든요. 녹여서 소스 그릇에 담아 보통은 양고기나 사슴 고기에 곁들여 먹었고, 다른 고기구이와 먹어도 맛있습니다. 디종 머스터드, 소금, 후추를 약간 더하면 오늘날 되살릴 만한 가치가 충분한 소스라는 것을 느낄 겁니다. 특히 돼지고기, 소고기, 칠면조 구이와 잘 어울립니다.

레드커런트 젤리 1/2단지(170g)
디종 머스터드 1큰술(11g)
소금 1/4작은술
후춧가루 1꼬집

---

1. 작은 소스 팬에 모든 재료를 넣는다. 중불에 올리고 혼합물이 끓으면서 소스가 부드러워질 때까지 저어가며 끓인다.

2. 불에서 내리고 살짝 식힌다. 젤리를 작은 단지에 담아 따뜻한 상태로 상에 낸다.

《작은 아씨들》 디너 파티 차림표

- 버몬트 체더를 비롯한 치즈와 크래커 모둠
- 전통 방식의 로스트비프 텐더로인(38쪽)
- 가든 팟파이(57쪽)
- 조의 양상추 샐러드(44쪽)
- 분홍과 하양의 아이스크림 디저트(107쪽)

조의 더 맛있는 콘비프

JO'S MUCH-IMPROVED CORNED BEEF

 4인분 만들기

'음, 배고프면 소고기, 빵, 버터를 먹겠지. 오전 내내 애썼는데 제대로 한 게 없다니 너무 창피해.' 조는 평소보다 30분 늦게 식사 종을 울리며 이렇게 생각했다. 온갖 고급 음식에 익숙한 로리와 호기심 어린 눈으로 실패작을 전부 봐두었다가 온 동네 사람들에게 재잘거릴 크로커 씨를 위해 차린 식사를 보고 있자니 얼굴이 화끈거리고 지치고 의기소침해졌다.

소고기 가슴살 1360g, 뼈를 제거한 절임용 고기
향신료팩
살구 설탕 절임 1/2컵(160g)
디종 머스터드 2큰술(22g)

실패로 끝난 로리를 위한 정찬 날, 괜찮은 것으로 판명된 유일한 요리는 콘비프였습니다. 콘비프가 얼마나 만들기 쉬운 요리인지 짐작이 가시죠? 딱 한 가지만 유의하세요. 코르넬리우스 부인(메그가 의지하는 요리책의 저자)에 따르면, 콘비프의 성패는 천천히 오래 끓이는 데 달려 있습니다. 우리의 레시피는 이 훌륭한 조언을 충실히 따릅니다. 소스는 짭짤한 고기에 과일 설탕 절임을 같이 내는 관습에서 착안해 만들었습니다.

1. 오븐을 180℃로 예열한다.

2. 고기 전체에 팩에 든 향신료를 뿌린다. (가슴살에 이미 향신료가 발려 있다면 이 단계를 생략한다.)

3. 오븐에 넣을 수 있는 무쇠솥에 고기를 기름기가 있는 부분을 위로 향하게 놓고 찬물을 넣는다. 솥을 중강불에 얹고 물이 줄어들 때까지 뭉근히 끓인다. 솥에 뚜껑을 덮고 오븐에 넣는다. 고기가 부드러워질 때까지 2시간 30분 정도 굽는다.

4. 고기가 완성되기 직전에 작은 소스 팬에 살구 설탕 절임과 머스터드를 섞고, 중불에서 부드러워질 때까지 젓는다. 끓어오르기 직전 불에서 내리고 뚜껑을 덮어 따뜻하게 둔다.

5. 고기를 솥에서 꺼내 물을 뺀다. 고기 윗부분의 기름기는 잘라낸다. 고기를 결과 반대로 썬다. 살구-머스터드 소스와 함께 낸다.

조의 콘비프 정찬 차림표

조의 가재 렐리시
JO'S SHELLFISH RELISH

 약 1컵(6인분) 만들기

"콘비프가 있고 감자는 아주 많아. 해나 할머니가 '전채요리'라고 말하는 것으로는 아스파라거스와 바닷가재를 낼 생각이야. 양상추도 있으니까 샐러드도 만들어야지." –조

가난한 마치 씨네 가족들이 로리를 대접하기 위해 바닷가재를 산다는 대목이 의아하지요? 이들이 살던 뉴잉글랜드에서는 바닷가재가 싸고 흔한 해산물이어서 가난한 사람들이 쉽게 먹었답니다. 부잣집에서는 하인들에게 먹였죠. 에이미가 미술학교 친구들을 초대했을 때 바닷가재를 사러 나가는 장면을 기억해 보세요. 그녀는 이 우아하지 못한 식재료를 들고 로리의 친구를 만난 것에 모멸감까지 느낍니다. 젊은이의 눈에 에이미는 매력적인 소녀로 비칠 뿐이었지만요.

《검소한 미국 주부The American Frugal Housewife》 등 당시의 여러 요리책들이 바닷가재 샐러드 레시피들을 소개합니다. 여기에서는 조의 방식을 따라 이 갑각류로 크래커에 얹어 먹는 렐리시(피클과 열매 채소를 다져서 만든 달콤새콤한 소스)를 만들어보겠습니다. 또한 새우를 이용해서 훨씬 쉽게(그러나 여전히 대단히 맛있는) 렐리시를 만들 수도 있습니다.

크림치즈 57g, 뇌샤텔(Neufchâtel, 비멸균 생 소젖 또는 저온 살균한 우유로 만드는 브레(Bray) 지방의 치즈)
마요네즈 1큰술(14g)
해산물 칵테일 소스 1과 1/2작은술
생 레몬즙 1작은술(5㎖)
적양파 2큰술(20g), 잘게 썬다.
생 차이브 2큰술, 잘게 썬다.
바닷가재 살 혹은 새우 1컵(170g), 바닷가재는 작게 깍둑썰기해 조리한 것, 새우는 껍질과 내장을 제거한 것(아래 참조).
소금과 후춧가루
크래커 모둠, 상차림용

1. 전기 믹서에 크림치즈를 넣고 중속으로 부드럽게 될 때까지 몇 초간 작동시킨다. 마요네즈, 칵테일 소스, 레몬즙을 넣고 잘 섞이도록 중속으로 작동시킨다.

2. 적양파, 차이브, 바닷가재나 새우를 넣어 잘 섞고 소금과 후추로 간을 한다. 볼에 옮겨 뚜껑을 덮은 후 2시간 이상 식힌다. 크래커와 함께 낸다.

냉동 바닷가재라면: 226g짜리 바닷가재 2마리를 냉장에서 해동한

다. 큰 소스 팬에 바닷가재가 잠길 정도로 물을 붓고 가열, 끓으면 바닷가재를 넣고 불을 줄여 껍질이 밝은 적색이 되고 고기가 완전히 익을 때까지 8~12분간 익힌다. 물을 빼고 충분히 식을 때까지 20분 정도 둔다. 껍질에서 살만 분리해서 사방 1.25cm로 깍둑썬다. 사용 전에 키친타월로 물기를 제거한다.

냉동 새우라면: 껍질과 내장이 제거되고 조리된 새우 170g을 냉장에서 해동한다. 새우 살을 사방 1.25cm로 깍둑썬다. 사용 전에 키친타월로 물기를 제거한다.

조의 더 맛있는 아스파라거스
JO'S MUCH-IMPROVED ASPARAGUS

 4인분 만들기

조는 한 시간이나 삶아 머리가 떨어져 나가고 줄기가 도저히 먹을 수 없게 된 아스파라거스를 보고 괴로워했다.

불쌍한 조! 로리에게 저녁을 대접하기 위해 열성적으로 달려들었지만 제대로 된 것은 하나도 없었습니다. 너무 오래 끓인 아스파라거스도 마찬가지였죠. 《미국 가정 요리책The American Home Cook Book》의 도움을 받았다면 조금 나은 결과물을 얻었을 텐데······. 그 책은 아스파라거스를 15~20분 정도 삶으라고 명시하고 있거든요.

하지만 오늘날의 기준으로는 15분도 너무 깁니다! 아삭하면서도 부드러운 아스파라거스의 맛을 제대로 즐기려면 3~5분 정도만 데쳐주는 것이 좋습니다. 딱딱한 줄기 부분은 잘라냅니다. 이 부분 때문에 조의 아스파라거스 줄기가 그렇게 질겨진 것이랍니다. 아래의 레시피가 그 방법을 알려드립니다.

아스파라거스 454g
소금과 후춧가루
무염 버터 2큰술(28g), 녹여서 준비한다.
생 차이브 1큰술(3g), 잘게 썬다.

---

1. 아스파라거스 줄기의 밑동 부분을 하나씩 구부려가면서 나무처럼 딱딱한 부분은 뜯어낸다.

2. 아스파라거스 줄기를 깊이 25cm 냄비에 넣는다. 아스파라거스가 잠길 정도의 물을 부은 뒤 소금을 넣는다. 물이 끓어오르면 뚜껑을 닫고 불을 줄인 후 아스파라거스가 부드러우면서도 아삭함이 없어지지 않을 때까지 약 3분간 데친다. 체에 담아 물을 완전히 뺀다.

3. 따뜻한 아스파라거스를 접시에 담는다. 녹인 버터를 아스파라거스 위에 붓고 생 차이브를 뿌려 낸다.

마치 가족처럼 유쾌하게

《작은 아씨들》에서는 요리하고 손님을 접대하는 일에 대해 많은 것을 배울 수 있습니다.

로리를 위해 마련한 조의 디너 파티는 질긴 아스파라거스, 덜 익은 감자, 빈약한 바닷가재, 소금(설탕이 아닌)을 뿌린 과일, 쉬어버린 크림으로 엉망이 되었습니다. 하지만 조는 그 모임이 실패로 끝나게 놓아두지 않았습니다. 이 모든 일을 웃어넘기면서 가족들과 손님이 "빵과 버터, 올리브와 웃음"으로 저녁 식사를 마칠 수 있게 했죠.

에이미가 부유한 미술학교 친구들에게 점심을 대접하려고 많은 돈과 수고를 쏟아부은 적도 있었습니다. (오겠다고 했던 거의 12명의 소녀 중에) 엘리엇 양만 나타났을 때도, 에이미는 실망감을 숨기고 "차분하고 친절하게" 이 1명의 손님을 대접했습니다. 다른 가족들도 자기 몫을 훌륭히 해냈습니다. 결국 엘리엇 양은 웃음을 완벽하게 참아내는 것이 불가능했던 가족들을 "정말 재미있는 가족"이라고 생각했습니다.

요리가 잘되지 않거나 파티가 계획한 대로 돌아가지 않을 때면 조와 에이미를 떠올리세요. 그렇게 심각하게 받아들일 필요는 없잖아요. 어떤 실망스러운 일이 생기든 우울한 생각은 흘려보내고 앞으로 나아가세요. 모두의 시간을 가능한 최고로 만들 수 있게 대접합시다.

조의 양상추 샐러드
JO'S LETTUCE SALAD

 4인분 만들기

"양상추도 있으니까 샐러드도 만들어야지. 만드는 법은 모르지만 책에 나와 있겠지." –조

조가 로리를 위한 디너 파티에 샐러드를 급히 만들어 내기로 했을 때, 요리책에는 아마도 익은 달걀노른자, 물, 기름, 소금, 슈거 파우더, 시판 머스터드(가루가 아니라 병에 든 액체 종류), 식초로 만드는 드레싱과 함께 내는 샐러드 레시피가 담겨 있었을 것입니다. 비네그레트 소스의 먼 친척뻘로, 익은 달걀노른자가 추가된 이 드레싱(혹은 이 드레싱의 변형)은 당시 가장 흔히 먹던 샐러드 소스였습니다.

그런 식의 드레싱과 함께 먹는 잎채소들이 조금 뻔하다는 생각이 든다면, 순한 맛의 양상추에 겨자, 물냉이, 수영과 같은 맵거나 톡 쏘는 맛이 나는 잎채소를 더하는 방법을 제안하는 요리책들도 있답니다. 루콜라는 《작은 아씨들》 시대에는 흔치 않았지만 지금은 개성 있는 맛의 녹색 채소로 쉽게 이용할 수 있는 좋은 선택안입니다. 양상추와 루콜라를 톡 쏘는 풍부한 맛의 드레싱과 함께 이용하면 스튜, 구이, 찜, 수프와 두루 잘 어울리는 신선하고 청량한 요리를 만들 수 있습니다.

달걀노른자 큰 것 1개, 완숙하여 준비한다.
소금 1/4작은술
후추 1꼬집
고춧가루 1꼬집
엑스트라 버진 올리브 오일 3큰술(45㎖)
애플사이다 식초 1큰술(15㎖)
디종 머스터드 1작은술(4g)
정제 설탕 1/2작은술 혹은 그래뉴당 1/4작은술
버터헤드 양상추 1포기, 한입 크기로 찢은 것.
베이비 루콜라 2컵(40g)

1. 작은 볼에 달걀노른자, 소금, 후추, 고춧가루를 넣고 작은 수저 뒷면으로 으깬다. 올리브 오일, 식초, 디종 머스터드, 설탕을 넣고 부드러워질 때까지 휘젓는다.

2. 샐러드 볼에 양상추와 루콜라를 넣어 섞고 4개의 샐러드 접시에 나누어 담는다. 각각의 샐러드에 드레싱을 뿌리고 상에 낸다(노트 참조).

노트: 샐러드를 드레싱에 섞지 않도록 한다. 익은 달걀노른자 때문에 이 드레싱은 비네그레트보다 진하다. 이는 양상추와 섞는 것보다는 양상추 위에 뿌려주는 것이 좋다는 의미이다.

사과 과수원의 대가족 피크닉

《작은 아씨들》은 사과 따기 축제의 피크닉으로 일단락을 맺습니다. 마치 부인의 60번째 생일날이었죠. 메그와 조의 아들들이 나무에서 애플 턴오버와 쿠키를 사방으로 흩뜨리며 법석을 떠는 한켠에서 여자 어린이들은 티 파티 소꿉놀이를 즐기는 등 모두가 즐겁습니다. 여기저기 피어나는 웃음꽃 속에서 마치 부인과 네 딸은 자신들이 지내온 삶, 서로에 대한 사랑, 함께 나눈 기쁨 들을 되돌아봅니다.

분위기가 로리의 보트 파티와는 아주 다릅니다. 당시의 미국 피크닉 음식은 대단히 간단했습니다. 사실 피크닉 메뉴를 소개하는 요리책도 몇 권 되지 않습니다. 1866년에 발간된 한 요리책은 전형적인 피크닉 요리로 샌드위치, 올리브, 피클, 조림 콩, 케이크 정도를 나열하고 있습니다.

사과 과수원 피크닉 장면은, 아주 간소한 피크닉도 얼마든지 최고의 피크닉이 될 수 있음을 보여주는 벅찬 광경입니다. 사랑하는 사람들에게 둘러싸여 있다면 더욱 그렇죠. 가까운 가족과 친구들, 혹은 친해지고 싶은 사람들을 불러서 마치 가족처럼 피크닉 메뉴를 즐겨보세요.

- 치즈, 버터, 셀러리 샌드위치(34쪽)
- 로스트비프 피크닉 샌드위치(33쪽)
- 조림 콩
- 올리브와 피클
- 애플 턴오버(102쪽)
- 베어 씨의 초콜릿 드롭을 올린 바닐라 버터 쿠키(79쪽)

스파이시 데빌드 에그
SPICE-TRADE DEVILED EGGS

 12개 만들기

"할아버지는 내가 당신처럼 인도 무역상이 되기를 바라시지만 난 그 일을 하느니 차라리 총에 맞고 싶은 심정이야. 차, 실크, 향신료는 물론이고 할아버지의 낡은 배에 실려오는 온갖 잡다한 물건들이 싫어. 내가 물려받게 된다면 배가 바다에 가라앉든 말든 신경 안 쓸 거야." –로리

1869년도 요리책의 데빌드 에그 레시피에서 영감을 얻어 탄생시킨 레시피입니다. 재료에 처트니chutney(과일, 설탕, 향신료, 식초로 만든 걸쭉한 소스)와 스리라차 소스가 있어서 놀라셨나요? 사실 당시 사람들은 이국적인 향신료에 꽤 익숙했습니다. 매사추세츠 세일럼은 향신료 무역의 중심지였죠. 중국, 동인도제도, 인도에서 향신료를 싣고 온 배들로 늘 북적였어요.

로리는 향신료에 관심이 없는지 몰라도 당시의 요리사들은 향신료에 지대한 관심이 있었습니다. 1869년의 데빌드 에그 레시피의 이런 대목을 보면 알 수 있어요.
"처트니 소스가 없을 경우, 칠리 식초를 사용할 수 있다."

스리라차 소스는 이 장면 후 100년이 지나서야 도입되지만, 매운 고추와 식초의 맛을 갖고 있어서 요리책에서 요구하는 '칠리 식초' 대용으로 아주 적절합니다. 향신료가 들어간 따뜻한 데빌드 에그를 피크닉이나 포트럭potluck에 내보세요. 18세기 후반 스타일로 샐러드의 역할을 하게끔 드레싱한 상추를 깔아도 좋습니다. 조의 양상추 샐러드(44쪽)가 잘 어울릴 겁니다.

달걀 큰 것 6개, 완숙하여 껍질을 벗긴다.
마요네즈 2큰술(28g)
스리라차 소스 1큰술(15g)
소금과 후춧가루
처트니 1큰술(15g)
파프리카 가루, 장식용
생 파슬리나 차이브, 장식용으로 잘게 썬다.

1. 달걀을 길게 2등분 한 후에 노른자를 꺼낸다. 노른자를 작은 볼에 넣는다. 흰자를 데빌드 에그 트레이에 얹는다(혹은 달걀의 밑부분을 얇게 저며내서 납작한 접시에서 달걀이 구르지 않게 한다).

2. 노른자를 포크로 으깨고, 마요네즈와 스리라차 소스를 섞은 다음, 소금과 후추로 간을 한다. 노른자 혼합물을 흰자에 떠 넣는다. 달걀 하나당 약 1/4작은술의 처트니를 얹고 파프리카 가루와 잘게 썬 생 파슬리를 얹어 낸다.

메그   조   베스   에이미

Chapter 3

마치 가족의
소박한 저녁 식사

"요리를 잘하고 싶다는 막연한 소망만이 아니라, 우리 딸들에게
제대로 된 음식을 해주는 것이 얼마나 훌륭한 일인지 깨닫고
더는 하인을 고용할 형편이 되지 않자 스스로 하게 되었지."
《작은 아씨들》에서 마치 부인은 이렇게 말합니다.
여기 마치 부인과 해나, 갓 결혼한 메그가 가족들에게
영양분과 충족감을 주기 위해 애정 어린 마음으로 상에 내는
간단한 일상의 레시피들을 소개합니다.

사과 과수원 치킨
APPLE ORCHARD CHICKEN

"그렇게 늘어져 지내는 건 나와 맞지 않아. 난 책을 산더미처럼 쌓아놓고 오래된 사과나무에 올라가서 읽으면서 휴가를 최대한 잘 보내야지." –조

조가 가장 좋아하는 일은 무엇일까요? 사과를 먹는 것? (그녀는 오후 반나절 만에 사과 4개를 먹어치운 적이 있죠.) 사과나무 가지에 앉아 좋아하는 책을 읽는 것?

이 레시피는 사과와 사과 주스를 이용해서 크리미하면서도 단맛이 살짝 도는 주요리를 만들어냅니다. 사과를 좋아하는 조와 가족들이라면 분명히 좋아했겠죠?

 4인분 만들기

닭가슴살 4조각(567g), 뼈와 껍질을 제거하고 얇게 저민다.
소금과 후춧가루
다목적용 밀가루 1/4컵(31g)
식물성 기름 2큰술(30㎖)
샬롯(shallot, 작은 양파) 1개(40g, 약 1/4컵), 잘게 썬다.
저염 닭 육수 1/2컵(118㎖)
사과 주스 3/4컵(177㎖)
애플사이다 식초 1큰술(15㎖)
사과 작은 것 2개, 갈라(Gala)나 조너선(Jonathan)이나 코틀랜드(Cortland) 종, 속을 파내고 6mm 두께로 썬다.
생 타임 1작은술(1g) 혹은 건 타임 1/4 작은술, 잘게 썬다.
헤비 크림 1/2컵(118㎖)
생 파슬리 2큰술(8g), 잘게 썬다.

1. 소금과 후추로 닭고기의 양쪽 면에 양념을 한다. 닭고기에 밀가루를 입힌다. 지나치게 많이 묻은 경우 털어낸다.

2. 큰 냄비를 중강불에 올리고 식물성 기름을 넣어 달군다. 닭고기를 넣고 구운 뒤 한 번 뒤집는다. 양면이 갈색이 나고 다 익을 때까지(77℃) 6~8분간 굽는다. 닭고기를 접시에 옮기고 포일로 느슨하게 덮어 따뜻함을 유지하게 한다.

3. 냄비에 남아 있는 기름에 샬롯을 넣고 중강불에서 샬롯이 부드러워질 때까지 1분간 볶는다. 냄비를 불에서 내리고 육수, 사과 주스, 애플사이다 식초를 넣는다. 액체가 튀지 않게 주의한다. 냄비를 중불에 올리고 바닥에 재료가 눌어붙지 않도록 거품기로 저어주면서 끓인다.

4. 사과와 타임을 넣는다. 가끔 저으면서 용액이 1/2컵(120㎖)이 될 때까지 약 5분간 졸인다.

5. 크림을 부드럽게 저으면서 소스가 걸쭉해지고 사과가 부드러우면서 아삭함을 잃지 않을 때까지 약 3분간 끓인다. 닭고기를 4개의 접시에 나누어 놓고 소스와 사과를 고기 위에 떠 놓는다. 파슬리를 뿌려 낸다.

사과 과수원에서 탄생한 《작은 아씨들》

《작은 아씨들》에는 유독 사과나 사과나무가 자주 등장합니다. 예를 들어, 3장에서 메그가 신년 전야 무도회에 입을 드레스를 두고 소란을 떨지만 조는 사과 4개를 먹으면서 책을 읽습니다. 날씨가 따뜻하면, 조는 사과나무 가지에 올라 앉아 책을 읽는 것을 즐깁니다. 마지막 장에서 사과를 수확하는 날의 피크닉 역시 사과 과수원에서 벌어집니다.

왜 이렇게 사과가 많이 등장할까요? 1857년 루이자 메이 올컷이 25세가 되던 해에 그녀의 가족이 이사한 집 옆에 40그루의 사과나무가 있었습니다. 사과를 완전식품이라고 생각했던 루이자의 아버지 브론슨 올컷Bronson Alcott은 그 집에 과수원집Orchard House라는 이름을 붙였습니다. 1868년 과수원집에 살면서 루이자는 이 집 안 그녀의 방, 아버지가 만든 책상에 앉아《작은 아씨들》을 썼습니다. 바로 그 과수원집과 마을이 단란한 마치 가족이 사는 집의 모델이 되었습니다. 이제 왜 책 여기저기에 사과가 등장하는지 아셨죠?

매사추세츠 주 콩코드에 있는 루이자 메이 올컷의 과수원집은 현재 관광객들에게 개방되어 있습니다. 《작은 아씨들》의 팬들은 이 집을 둘러보면서 큰 기쁨을 누리죠(14~15쪽 참조). 그곳에 가는 행운을 얻는다면 루이자 메이 올컷이 가족들을 위해 장만한 동석 소재의 싱크며 양념을 보관하는 찬장이 있는 진짜 19세기의 주방을 직접 보면서 이 아늑한 주방에서 만들어지는 이 책 속의 요리들을 쉽게 그려볼 수 있을 겁니다.

메그의 치킨과 마카로니 수프
MEG'S CHICKEN AND MACARONI SOUP

 4인분 만들기

베스는 종일 서재 소파에 누워 있을 정도까지 회복했다. 처음에는 사랑하는 고양이들과 놀았고 시간이 지나자 애석하게도 미뤄둘 수밖에 없었던 인형 바느질도 할 수 있게 되었다. (…) 메그는 사랑하는 동생을 위해 하얀 손을 기꺼이 더럽히고 데어가며 '메스'를 만들었다.

'메스mess'는 조리된 요리를 이르는 옛말입니다. 메그는 아픈 베스를 위해 기꺼이 요리에 나섭니다. 병상에 있는 가족을 위해 음식을 준비하는 일은 19세기 요리를 맡은 사람들이 신경을 많이 쓰는 부분이었습니다. 실제로 당시의 요리책에는 병약한 사람들을 위한 요리에 대한 정보가 많았고, 요리책의 한 챕터 전체를 차지하기도 했어요. 부드러운 죽은 물론 몸이 편치 않은 사람이 쉽게 먹을 수 있는 미음, 푸딩, 과일 조림, 향긋한 젤리 같은 칵테일 등이 있었습니다.

요즘 사람들은 몸이 찌뿌둥하다고 해도 송아지 발과 젖으로 만든 원기 회복용 음료를 먹지는 않겠지요. 그렇지만 당시에 인기를 끌던 마카로니가 들어간 치킨 누들 수프를 약간 변형한 이 '손이 많이 가는 메스'라면 고마워할 것입니다. 가벼운 저녁 메뉴로도 좋습니다.

저염 닭 육수 6컵(1.4ℓ)
당근 1개, 껍질을 벗기고 잘게 썬다.
셀러리 2대, 잘게 썬다.
양파 작은 것 1개, 잘게 썬다.
건 마카로니 3/4컵(75g)
닭고기 1과 1/2컵(210g), 익혀서 잘게 썰거나 찢어 놓는다.
생 파슬리 1큰술(4g), 잘게 썬다.
생 레몬즙 1큰술(15㎖)
소금과 후추

1. 수프 냄비나 무쇠솥에 닭 육수, 당근, 셀러리, 양파를 넣고 중강불에서 끓인다. 마카로니를 넣고 마카로니가 부드러워질 때까지 8분 정도 끓인다.

2. 닭고기, 파슬리, 레몬즙을 넣어 끓인다. 불에서 내리고 소금과 후추로 간을 한다. 국자로 볼에 퍼 담아 낸다.

뉴잉글랜드 대구구이
BAKED NEW ENGLAND COD

루이자 메이 올컷의 시대에 뉴잉글랜드에서는 대구잡이가 번창했습니다. 이 부드러운 생선은 경제적으로 어려운 마치 가족에게 값비싼 고기 대신 먹기에 좋은 저렴한 식재료였을 겁니다. 당시의 요리책에는 통 생선에 빵가루, 소금, 후추, 파슬리, 양파, 버터를 집어넣고 실과 바늘로 꿰매는 요리가 많이 등장합니다. 여기에서는 식재료는 같지만 바늘과 실 없이 훨씬 쉽게 만들 수 있는 레시피를 소개합니다.

타르타르 소스와 함께 내도 좋지요. 아래 소개한 타르타르 소스 레시피는 1850년의 한 요리책을 모델로 했는데, 지금은 디종 머스터드라고 부르는 '프렌치' 머스터드를 비롯하여 거의 똑같은 재료가 들어갑니다. 다만 마요네즈 대신 완숙 달걀을 넣습니다. 이제껏 가장 맛있는 타르타르 소스를 맛보실 것입니다.

4인분 만들기

짭짤한 크래커 20개(72g)
무염 버터 4큰술(55g), 녹여 둔다.
생 파슬리 3큰술(12g), 잘게 썬다.
양파 2큰술(20g), 다져 놓는다.
소금과 후춧가루
대구살 4쪽(170g), 두께 약 2cm
타르타르 소스(직접 만들려면 아래의 레시피 참고), 상차림용
레몬 조각, 상차림용

1. 오븐을 220℃로 예열한다.

2. 크래커를 지퍼백에 담고 공기를 뺀 뒤, 봉지 위에 밀대를 굴려 크래커를 잘게 부순다. 부순 크래커를 작은 볼에 담고 녹은 버터, 파슬리, 양파, 후추 1꼬집을 넣은 뒤 잘 섞는다.

3. 생선 살을 모두 펼쳐 놓을 수 있는 정도 크기의 얕은 베이킹 팬 바닥에 기름을 바른다. 생선 살을 펼쳐 놓고 소금과 후추를 뿌린다. 크래커와 후추 혼합물을 생선 살 위에 나누어 올리고 혼합물을 살짝 눌러 생선 살에 달라붙게 한다.

4. 생선 살이 불투명해지고 포크로 찔러보았을 때 살이 잘 떨어질 때까지 8~12분간 굽는다. 타르타르 소스, 레몬 조각과 함께 낸다.

1850년 타르타르 소스

다음 재료를 모두 섞고, 뚜껑을 덮어 1시간 이상 냉장 보관한다.
(1컵 혹은 250g 분량)

〰️ 볼에 마요네즈 1/2컵(115g)
〰️ 물기를 빼고 잘게 썬 오이 피클 3큰술(27g)
〰️ 잘게 썬 샬롯 작은 것 1개(약 2큰술[20g])
〰️ 잘게 썬 생 파슬리 2큰술(2.5g)
〰️ 디종 머스터드 2큰술
〰️ 물을 빼고 잘게 다진 케이퍼 2큰술
〰️ 화이트 와인 식초 1큰술, 건 타라곤 1/2작은술
〰️ 고춧가루 1꼬집, 소금과 후추

뉴잉글랜드 피시 차우더
NEW ENGLAND FISH CHOWDER

'차우더'라고 하면 대부분의 미국인들이 조개류를 떠올립니다만, 1800년대 중반에는 클램clam 차우더보다 피시fish 차우더 레시피를 소개하는 요리책이 더 많았습니다. 재료에는 거의 항상 베이컨의 일종인 솔트 포크salt pork, 양파, 대구가 들어갔고, 가끔 감자와 우유나 크림이 포함되었습니다. 대구는 당시 값이 싸고 흔한 생선이었기 때문에 마치 가족은 저녁 식사로 종종 이와 같은 피시 차우더를 즐겼을 것입니다.

 4인분 만들기

베이컨 2장, 두껍게 썬 것.
버터, 필요에 따라 준비한다.
셀러리 1대, 잘게 썬다.
당근 1개, 껍질을 벗기고 깍둑썬다.
양파 작은 것 1개(약 1/2컵[80g]), 잘게 썬다.
마늘 2쪽, 다져 놓는다.
건 타임 1/2작은술, 으깬다.
저염 닭 육수 1과 1/2컵(355㎖)
러셋 감자 약 2컵(220g), 중간 크기면 1개 혹은 작은 크기면
　　2개, 껍질을 벗기고 깍둑썬다.
소금과 후춧가루
우유 혹은 2% 탈지유 2와 1/2컵(595㎖), 나눠서 준비한다.
다목적용 밀가루 2큰술(15g)
대구 살 340g
생 파슬리 혹은 차이브, 잘게 썬다.

1. 무쇠솥을 중불에 올리고 베이컨을 바삭해질 때까지 굽는다. 베이컨을 키친타월에 얹어 기름기를 뺀다. 필요하다면 솥에 있는 기름에 최대 2큰술(30㎖)의 버터를 추가한다. 셀러리, 당근, 양파를 솥에 넣고 채소가 부드러워지되 갈색이 되기 전까지 저어가며 4~5분간 볶는다. 마늘과 타임을 넣고 투명해질 때까지 저어가며 30초 정도 더 볶는다. 닭 육수를 튀지 않게 천천히 붓는다. 감자를 넣고 소금과 후추로 간을 한다. 끓는점에 이르면 불을 조금 줄이고 육수를 계속 끓인다. 뚜껑을 덮고 감자가 부드러워질 때까지 15분간 끓인다.

2. 뚜껑을 돌려 여는 단지에 우유 1/2컵(120㎖)과 밀가루를 넣고 뚜껑을 닫은 후 덩어리가 없어지고 잘 섞일 때까지 흔든다. 이 혼합물을 수프에 넣고 나머지 2컵(475㎖)의 우유를 붓는다. 저어가면서 수프가 끓어오를 때까지 가열한다.

3. 생선 살을 넣고 육수를 뭉근히 끓인다. 뚜껑을 덮고 생선 살이 포크로 쉽게 떨어질 때까지 5~7분 정도 끓인다. 끓는 동안 수프를 뒤집개로 부드럽게 저으면서 생선 살을 한입 크기로 깨뜨린다.

4. 베이컨을 작게 썬다. 얕고 넓은 볼에 수프를 담고 베이컨과 생 파슬리나 차이브를 얹어 낸다.

간단한 차우더 저녁 식사 차림표

◌ 뉴잉글랜드 피시 차우더
◌ 치즈·잼 턴오버(25쪽)
◌ 조의 진저브레드(98쪽)

가든 팟파이
GARDEN POT PIE

 6인분 만들기

혹시 고기를 안 드시나요? 여기에도 채식주의자가 한 명 있습니다. 루이자 메이 올컷의 아버지, 브론슨 올컷은 저명한 교사이자 철학자, 노예제 폐지 운동가, 그리고 채식주의자였습니다. 사실 1843년 그는 프루트랜드Fruitland를 창립하기도 했습니다. 수명이 그리 길지 않았던 이 공동체의 회원들은 모든 동물성 제품의 섭취나 이용을 자제했습니다. 그렇습니다. 비건이었던 거죠. 아직 이 단어가 만들어지기도 전에요. 브론슨 올컷은 원예가이기도 했습니다. 이것은 그런 재능들을 기리는 레시피입니다(프루트랜드의 엄격한 비건 식이는 아니지만요).

당시 인기를 끌던 알싸한 맛의 허브, 서머 세이버리summer savory로 풍미를 더한 이 팟파이는 채식주의자나 육식을 하는 사람들 모두 푸짐하게 즐길 수 있는 주요리입니다. 고기구이와 함께 곁들여 낼 수도 있습니다.

무염 버터 3큰술(42g)

양파 1컵(160g), 잘게 썬다.

셀러리 1대(50g. 약 1/2컵), 얇게 썬다.

양송이 226g, 얇게 썬다.

적색 혹은 황색 감자 약 3컵(454g), 사방 2~2.5cm로 깍둑 썬다.

다목적용 밀가루 1/4컵(31g)

물 1컵(235㎖)

양념된 채소 육수 진액 1작은술(2g)(노트 참조)

우유 1컵(235㎖)

냉동 완두콩과 당근 2컵(260g), 해동해 둔다.

건 서머 세이버리 1과 1/2 작은술(1g), 으깬다.

소금과 후춧가루

냉동 페이스트리 생지 1장(490g 포장 제품의 절반)

달걀 큰 것 1개, 물 1큰술(15㎖)과 함께 거품을 낸다.

1. 오븐은 200℃로 예열한다.

2. 큰 냄비나 무쇠솥을 중불에 올리고 버터를 녹인다. 양파와 셀러리를 넣고 가끔 저어가면서 채소가 부드러워질 때까지 3~5분간 볶는다. 버섯과 감자를 넣고 자주 저으면서 버섯이 부드러워지고 버섯에서 나온 물기가 증발할 때까지 약 5분간 볶는다.

3. 중간 크기 볼에 밀가루를 붓는다. 물과 채소 육수 진액을 천천히 붓고 부드럽게 섞일 때까지 거품기로 젓는다. 우유를 넣고 거품기로 젓는다. 이 혼합물을 솥에 넣고 기포가 생기면서 약간 걸쭉해질 때까지 약 2분간 가열한다. 불에서 내리고 완두콩과 당근, 서머 세이버리를 섞는다. 소금과 후추로 간을 한다. 채소 혼합물을 227㎖ 베이킹 디시에 떠 넣는다.

4. 표면에 밀가루를 살짝 뿌리고 해동한 페이스트리 생지를 편 뒤 이음매를 가볍게 만져준다. 페이스트리를 베이킹 디시에 약간 넘치게 자른다. 반죽에 칼집을 몇 개 낸다. 반죽을 채소 혼합물 위에 얹고 가장자리를 베이킹 디시 안으로 밀어넣는다. 페이스트리에 달걀물을 바른다(남은 것은 버린다).

5. 베이킹 디시를 다 채운 후에는 구울 때 기포가 생기면서 육수가 떨어질 때를 대비해 테두리가 있는 베이킹 시트에 디시를 얹는다. 반죽이 황갈색이 되고 소의 가장자리 주변으로 기포가 생길 때까지 25~30분간 굽는다. 10분간 놔뒀다가 상에 낸다.

노트: '베터 댄 부용(Better Than Bouillon)'과 같은 양념된 채소 육수 진액 제품을 쓰는 게 아니라 일반 채소 육수 1컵(235㎖)을 쓴다면, 물 1컵(235㎖)은 뺀다.

모두를 위한 푸짐한 팟파이!

맛있는 파이는 올컷의 시대에 어디에서나 찾아볼 수 있었습니다. 가히 태양 아래 있는 모든 것이 페이스트리 반죽 밑에 들어갔다고 말할 수 있을 정도였죠. 당시의 요리책을 보면 송아지고기와 닭고기 팟파이가 가장 흔했습니다만 소고기, 칠면조고기, 거위고기, 돼지고기, 햄, 토끼고기, 양고기, 말린 사과와 절인 돼지고기, 비둘기고기, 우설, 조개, 생선, 사슴고기, 각종 사냥감은 물론 심지어 테라핀(맞아요. 작은 거북이!)도 이 요리의 재료로 사용되었습니다.

미스 레슬리Miss Leslie는 1854년 펴낸 요리책에서 '차림표'의 일부로 조개, 소고기, 햄, 토끼고기, 사과와 돼지고기, 그리고 닭고기 등을 넣은 파이를 소박한 저녁 식사의 주요리로 추천합니다. 훌륭한 가족 식사는 물론 친구와의 정찬에서도 파이는 한몫을 합니다. 다만 이런 경우에는 다른 주요리, 특히 햄, 생선과 함께 상에 오릅니다.

샐러드와 함께 주요리로 내든, 보다 근사한 정찬에 곁들임 요리로 내든, 가족과 친구들은 가든 팟파이(57쪽)가 가져다주는 온기와 행복의 진가를 인정하게 될 것입니다.

메그의 마카로니 앤드 치즈
MEG'S MACARONI AND CHEESE

요리 마니아로서 그녀는 《코르넬리우스 부인의 요리책Mrs. Cornelius's Recipe Book》을 교과서처럼 면밀히 익혔고 인내와 세심함으로 문제를 풀어갔다. 가끔 가족들을 초대해 너무 푸짐하게 준비한 음식들을 먹어치우는 일을 돕게 하거나 로티가 실패한 음식을 싸서 은밀히 어린 훔멜들의 배를 채워주었다.

《코르넬리우스 부인의 요리책》에 담긴 레시피에는 마카로니 앤드 치즈가 있었습니다. 19세기 요리책에 마카로니 앤드 치즈가 얼마나 자주 등장하는가를 생각하면, 이 요리는 당시에도 지금만큼이나 인기가 많았던 것 같습니다. 코르넬리우스 부인의 지시에 따라 숙성 치즈(61쪽 참조)를 이용하는 이 레시피라면 한결진한 풍미의 감미로운 마카로니 앤드 치즈를 맛볼 수 있습니다.

 4인분 만들기

건 마카로니 2컵(210g)
무염 버터 2큰술(28g)
다목적용 밀가루 2큰술(15g)
우유 혹은 2% 탈지유 2와 1/2컵(590㎖)
슈레드 체더 치즈 3컵(340g), 숙성된 버몬트(Vermont)나 아이리시(Irish) 치즈라면 더 좋다.
고춧가루 1/8작은술

1. 오븐을 180℃로 예열한다.

2. 마카로니를 포장의 지시에 따라 조리한다. 물기를 잘 빼고 냄비에 다시 넣은 후 따로 둔다.

3. 마카로니를 조리하는 동안 치즈 소스를 만든다. 중간 크기의 소스 팬을 중불에 올려 버터를 녹인다. 밀가루를 넣는다. 부드러운 반죽이 형성될 때까지 약 30초간 가열한다(갈색이 되면 안 된다). 혼합물을 저으면서 우유를 천천히 붓는다. 혼합물이 걸쭉해지면서 기포가 생길 때까지 저으면서 끓인다. 치즈와 고춧가루를 넣고 치즈가 녹일 때까지 섞는다. 치즈 소스를 마카로니와 섞는다. 혼합물을 캐서롤(오븐에 넣어서 천천히 익혀 만드는, 찌개류나 찜류의 요리) 접시에 옮긴다.

4. 마카로니가 기포가 생길 때까지 약 25분간 굽는다. 5분간 식힌 다음 낸다.

맥앤치즈의 시간여행

메그가 커런트 젤리를 만들 때 참고한《코르넬리우스 부인의 요리책》은 당시의 실제 요리책입니다. 원제는《젊은 주부의 친구》혹은《가정 경제와 안락함을 위한 지침서A Guide to Domestic Economy and Comfort》이죠. 그 안에 '마카로니 앤드 치즈 리시트receipt'가 나옵니다. 리시트는 레시피의 옛 표현이에요.

코르넬리우스 부인의 1846년 마카로니 앤드 치즈 레시피는 우리가 현재 만드는 것과는 조금 다릅니다. 우선, 그녀는 '마카로니를 주의 깊게 살피라'고 말합니다. 안에 작은 벌레들이 있을 수 있다고 말이죠. 다행히도 이제는 그런 문제는 흔치 않습니다(상자를 연 후에 밀폐가 되는 용기에 잘 보관한다면요).

또 코르넬리우스 부인은 마카로니 앤드 치즈의 윗부분을 갈색으로 만들기 위해서 '삽을 벌겋게 달구어서 접시 위쪽에 들고 있으라'고 조언합니다! 오늘날에는 뚜껑을 덮지 않고 기포가 생길 때까지 오븐에 넣어두기만 하면 되죠.

19세기 요리책에는 다양한 마카로니 앤드 치즈 리시트가 있습니다만, 공통점은 풍미가 좋은 치즈를 사용한다는 점이었습니다. 글로스터Gloucester, 파르메산Parmesan, 그뤼에르Gruyère라고 직접 언급할 때도 있고, '숙성된old 좋은 치즈'나 '고급 숙성 치즈'라고 명시하거나, 코르넬리우스 부인처럼 '숙성 치즈'라고 얘기한 책도 있었습니다.

냉장고 구석에 오랫동안 처박혀 있던 '오래된old' 치즈가 아닌 것쯤은 눈치채셨죠? 향미를 더하기 위해 제조자들이 숙성시킨 치즈를 의미하는 것입니다. 따라서 당시의 시대 정신(과 좋은 맛)을 구현하려면 이 레시피에는 숙성 치즈를 사용하세요. 10대 이하 어린 손님이라면, 아메리칸American이나 순한 체더Cheddar, 콜비Colby 같이 좀 더 부드러운 치즈를 선호할 수도 있습니다.

크림드 햄 토스트
CREAMED HAM ON TOAST

메그, 조, 베스, 에이미 시대의 요리사라면 어떤 버전이든 크림과 버터 향이 진한 화이트소스 조리법 하나쯤은 알고 있었어요. 당시의 요리책에는 이 소스를 이용하는 다양한 방법들이 담겨 있습니다. 가장 흔하게는, 가금류와 생선 소스로 사용되지만 송아지고기나 트라이프tripe(소나 돼지의 위), 달걀, 굴, 채소, 특히 콜리플라워에 곁들이기도 합니다.

이 레시피는 '프리즐드 비프frizzled beef'라 불리는 당시의 격식 없는 저녁 식사 메뉴에서 영감을 받았어요. 익은 소고기(어쩌면 전날 저녁 먹다 남은)를 얇게 저며서 만듭니다. 이후 소고기를 뜨거운 기름에 튀기고 크림소스와 버무려 토스트에 얹어 먹죠. 우리가 크림드 칩드 비프creamed chipped beef라고 부르는 것의 조상인 셈입니다.

여기서는 프리즐드 비프 대신의 최신 버전이라고 할 수 있는 햄이 대역을 맡습니다. 여전히 간단한 저녁 식사로 제격입니다.

 4인분 만들기

무염 버터 2큰술(28g)
다목적용 밀가루 2큰술(15g)
우유 혹은 2% 탈지유 1과 1/2컵(355㎖)
훈제 햄 2와 1/2컵(375g), 다져 놓는다.
우스터 소스 2큰술(10g)
고춧가루 1꼬집
후추
식빵 6장
생 파슬리 2큰술(8g), 잘게 썬다.

1. 중간 크기의 소스 팬을 중불에 올리고 버터를 녹인다. 밀가루를 넣고 부드러운 반죽이 될 때까지 약 30초간 저으면서 가열한다(갈색으로 변하면 안 된다). 계속 저어가면서 천천히 우유를 붓는다. 혼합물이 걸쭉해지면서 기포가 생길 때까지 저으면서 끓인다. 끓어오르면 저으면서 1분 더 가열한다. 햄, 우스터 소스, 고춧가루, 후추를 넣어 섞는다. 혼합물이 기포가 생기고 잘 익을 때까지 끓인다. 불에서 내리고 뚜껑을 덮어 따뜻하게 따로 둔다.

2. 식빵을 구워서 4등분 한다. 각 조각을 4개 접시에 6개씩 한 줄로 겹쳐 담는다. 햄 혼합물을 토스트 위에 떠 놓고 파슬리를 뿌려 뜨거울 때 낸다.

마치 가족의 일요일 저녁

🥄 크림드 햄 토스트
🥄 버터 그린 빈
🥄 딸기 셔벗(108쪽) 그리고
　　베어 씨의 초콜릿 드롭을 올린 바닐라 버터 쿠키(79쪽)

애플사이다 식초를 넣은 비프 스튜

BEEF STEW WITH MOLASSES AND
APPLE CIDER VINEGAR

분명히 해나는 마치 가족을 위해 고기 스튜를 자주 만들었을 겁니다. 지금이나 마찬가지로, 당시에도 좋은 스튜 레시피는 저렴한 부위의 고기를 든든하고 따뜻한 한 끼로 변신시키는 최고의 방법이었으니까요.

이 구식 레시피에는 마치 씨네 식료품 저장실에 있었을 법한 두 가지 조미료가 들어갑니다. 당밀(조는 진저브레드 케이크 만들기의 명수였는데 그 주역은 당밀이었죠)과 마치 대고모의 사과 과수원에서 난 사과로 만들었을 애플사이다 식초예요. 겨울에 잘 어울리는 이 요리에 찰떡궁합인 재료들이지요.

 4~6인분 만들기

소고기(스튜용) 680g, 사방 2.5cm로 깍둑썬다.
소금 1작은술(6g)
후추 1/2 작은술
다목적용 밀가루 2큰술(15g)
식물성 기름 2큰술(30㎖)
마늘 2쪽, 다져 놓는다.
토마토 1캔(411g), 깍둑썬다.
애플사이다 식초 1/4컵(60㎖)
당밀(순한 맛) 1/4컵(60㎖)
생강가루 1/2작은술
알 양파(냉동) 1컵, 해동해 둔다.
건포도 1/3컵(50g)
삶은 면 혹은 해나의 파운드 포테이토(69쪽), 상차림용

---

1. 고기에 소금과 후추를 뿌린다. 얕은 접시에 밀가루를 붓는다. 고기 조각을 몇 번에 나누어 넣으면서 밀가루를 입힌다. 지나치게 많이 묻은 밀가루는 털어낸다.

2. 무쇠솥을 중강불에 올리고 기름을 달군다. 소고기의 절반을 넣고 모든 면이 갈색이 될 때까지 약 5분간 볶는다. 고기가 갈색으로 너무 빨리 변하면 중불로 줄인다. 고기를 접시에 옮기고 남은 고기를 같은 방식으로 볶는다.

3. 솥을 팬에서 내리고, 마늘을 넣어 향이 나도록 약 10초간 빠르게 볶는다. 토마토를 즙과 함께 넣고, 식초, 당밀, 생강가루를 넣는다. 솥을 다시 중불에 올리고 솥 바닥에 내용물이 눌어붙지 않도록 저어가면서 끓인다. 고기를 솥에 넣는다. 불을 줄이고 뚜껑을 덮은 후 고기가 부드러워질 때까지 90~100분 정도 끓인다.

4. 알 양파와 건포도를 넣는다. 뚜껑을 덮고 완전히 익을 때까지 약 20분간 끓인다. 면이나 감자를 곁들여 상에 낸다.

해나의 코티지 파이
HANNAH'S COTTAGE PIE

메그가 태어났을 때부터 가족과 함께 지낸 해나는
하인이라기보다 친구 같은 존재였다.

해나는 마치 가족이 사랑하는 구성원입니다. 그녀는 어디 출신
일까요? 그녀의 강한 악센트나 메그가 태어난 1840년대에 대단
히 많은 아일랜드 사람들이 미국으로 이민했다는 사실로 미루어
서, 아마도 아일랜드 사람인 듯합니다.

그렇다면 분명 해나는 양념을 한 다짐육 위에 으깬 감자를 올리
는, 이 유명한 영국·아일랜드식 요리 '코티지 파이'를 맛있게
만들 줄 알았을 거예요. 코티지 파이는 소고기보다는 양고기로
만들었던 셰퍼드 파이의 사촌이라고 할 수 있습니다.

 6인분 만들기

해나의 파운드 포테이토(69쪽)
슈레드 체더 치즈 1/2컵(57g)
식물성 기름 1큰술(15㎖)
소고기 다짐육 680g(지방은 10% 이하)
양파 중간 크기 1개(약 1컵[160g]), 잘게 썬다.
마늘 2쪽, 다져 놓는다.
소금 1작은술(6g)
후춧가루 1/4작은술
건 파슬리 가루 1큰술(1.3g)
다목적용 밀가루 2큰술(15g)
토마토 페이스트 1큰술(16g)
저염 소고기 육수 1과 1/2컵(355㎖)
우스터 소스 2작은술(10g)
냉동 혼합 채소 1과 1/2컵(225g), 해동해 둔다.

1. 파운드 포테이토 레시피의 2단계까지의 지시대로 감자를 준비한
   다. 단 버터 2큰술은 추가하지 않는다. 감자를 으깬 후, 치즈를 넣
   고 섞는다. 뚜껑을 덮어 따로 둔다.

2. 오븐을 190℃로 예열한다. 무쇠솥을 중강불에 올리고 식용유를
   달군다. 다짐육과 양파를 넣고 나무 수저를 이용해서 고기를 부
   수면서 양파가 부드러워지고 고기가 갈색이 될 때까지 약 5분간
   볶는다. 마늘, 소금, 후추, 파슬리 가루를 넣고 30초 더 볶는다.
   밀가루를 넣고 30초 정도 볶는다.

3. 토마토 페이스트, 소고기 육수, 우스터 소스, 혼합 채소를 넣고
   끓인다. 약불로 줄이고 간간이 저으면서 액체가 걸쭉해질 때까지
   약 2분간 뭉근히 끓인다.

4. 이 혼합물을 2.7리터 베이킹 디시에 붓는다. 으깬 감자를 얹는다.
   뒤집개를 이용해서 감자를 고기 위에 고르게 편다.

5. 속까지 다 익고 가장자리에 기포가 생길 때까지 30분 정도 굽는
   다. 오븐에서 꺼내 10분간 놔뒀다가 상에 낸다.

마치 가족의 일상 저녁 식사

해나의 코티지 파이
조의 양상추 샐러드(44쪽)
메이플·콘밀 드롭 비스킷(71쪽)
블랙 라즈베리 젤리케이크(101쪽)

해나의 훈제 소시지와 감자 메스
HANNAH'S SMOKED SAUSAGE AND POTATO MESS

 4인분 만들기

"베스, 해나 할머니에게 '메스'를 끓여달라고 해서 가져 가." –조

마치 가족은 종종 근처에 사는 가난한 독일 이민자 가족, 훔멜 씨네에 음식을 나눠주죠. '메스'는 조리된 요리를 이르는 옛말이죠. 독일식 소시지와 푸짐한 감자로 만드는 이 근사한 메스 덕분에 훔멜 가족은 고향에 있는 기분을 느꼈을 겁니다.
감자는 올리브 오일로 굽습니다. 해나는 '스위트 오일sweet oil'로 알고 있었겠죠. 당시에는 올리브 오일을 흔히 스위트 오일이라고 불렀거든요.

붉은 껍질 감자 680g, 한입 크기로 자른다.
소금과 후추
엑스트라 버진 올리브 오일 1과 1/2큰술(22㎖)
파프리카 가루 1/4작은술, 가급적 훈제한 것을 준비한다.
완전 조리된 독일식 훈제 소고기 소시지(크나크부르스트
　(knockwurst) 등) 1팩 혹은 완전 조리된 소고기 킬바
　사(kielbasa, 마늘과 피망, 클로브가 첨가된 훈제 소시지)
　340g, 5cm 길이로 썰어 놓는다.
메그의 커런트 젤리 소스(39쪽) 혹은 디종이나 브라운 머스
　터드

1. 오븐을 220℃로 예열한다.

2. 테두리가 있는 큰 베이킹 시트에 감자를 넣는다. 소금과 후추로 간을 한 뒤 올리브 오일을 붓고 파프리카 가루를 뿌린다. 기름이 고루 묻도록 뒤적여준 뒤 겹치지 않도록 넓게 편다. 10분간 굽는다.

3. 감자를 시트의 가장자리로 밀고 가운데에 소시지를 넣는다. 감자가 부드러워지면서 가장자리가 갈색으로 변하고 소시지가 완전히 익을 때(74℃)까지 약 20분 더 굽는다. 커런트 젤리 소스나 머스터드를 곁들여 낸다.

작은 아씨들의 저녁 차림표

《작은 아씨들》에서 '티 벨tea bell'이 울리면 온 가족이 저녁 식탁에 모여듭니다. '마시는 차' 외에 '간단한 저녁밥'을 이르는 말이기도 하거든요.

그럼 마치 가족은 저녁밥으로 뭘 먹었을까요? 당시의 저녁밥은 보통 아주 소박하고 가벼웠습니다. 《작은 아씨들》이 출간되기 10년쯤 전인 1856년 출판된 《제대로 된 요리Cookery as It Should Be》라는 책에서는 저녁밥 '차림표'의 예제를 이렇게 소개하고 있습니다.

🍴 옥수수빵, 콜드 브레드, 저민 고기, 과일 조림
🍴 옥수수빵, 토스트, 우설, 과일 조림
🍴 옥수수빵, 콜드 브레드, 프리즐드 비프, 과일 조림
🍴 옥수수빵, 콜드 브레드, 래디시, 햄 샌드위치
🍴 밀크 토스트, 옥수수빵, 생선, 설탕 절임

당시의 다른 저녁밥 요리들로는 치즈를 녹여 향료, 맥주, 우유 등을 섞어서 토스트에 바른 웰시 레어빗 Welsh rarebit, 돼지의 귀, 발, 머리, 기타 부위를 삶은 뒤 튀겨서 만든 소우스souse, 고기와 감자를 이용한 요리인 미트 해쉬meat hash, 번철에 굽는 케이크(19쪽의 메밀 팬케이크나 20쪽의 '인디언 밀' 팬케이크와 같은)가 있었습니다. 당시의 '콜드cold 브레드'가 정확히 무슨 뜻이었는지는 모르지만 오븐에서 갓 나온 빵이 아닌 빵을 의미하지 않았나 싶습니다. 차가운 빵이라기보다는 실온에 가까운 빵 말이죠.

해나의 파운드 포테이토
HANNAH'S POUNDED POTATOES

조는 데이비스 선생님을 당장 체포해야 한다고 외치며 화를 냈다. 해나는 '악당 선생님'에게 주먹을 휘두르더니 절구에 든 저녁 식사용 감자가 선생님이기라도 한 듯이 절굿공이를 힘껏 내리쳤다.

확실히 해나는 요리에 온 마음과 영혼을 바쳤던 것 같습니다. 에이미의 학교 선생님인 데이비스 씨가 학교에 라임 피클을 가져온 것으로 에이미를 지나치게 처벌한 것을 알고 맹렬히 감자를 으깨는 모습을 좀 보세요. 또, 오랫동안 집을 비웠던 마치 부인이 돌아오자 해나는 "자신의 흥분을 다른 방식으로 해소할 수 없다는 것을 깨닫고" 마치 부인을 위한 근사한 아침 식사를 차리죠. 베스가 큰 병에 걸렸을 때 "늙은 해나는 짧아진 입맛을 돋우기 위해 지치지 않고 맛있는 음식들을 만들었고" 그렇게 요리를 하는 동안 눈물을 떨구었습니다.

여기 해나가 자랑스러워 했을 만한, 부드럽고 감미로운 '파운드 포테이토'(매시포테이토) 레시피를 소개합니다. 해나가 아일랜드 혈통으로 짐작되기 때문에 아일랜드인들이 요리에 즐겨 사용하는 파를 넣었어요. 파운드 포테이토야말로 어떤 고기나 가금류의 찜 혹은 구이에도 잘 어울리는 다재다능한 요리입니다.

 4인분 만들기

러셋 감자 중간 크기 4개(680~907g), 껍질을 벗기고 4등분한다.
소금 1작은술
헤비 크림 1/4컵(60㎖)
무염 버터 6큰술(85g), 나누어 준비한다.
파(희거나 밝은 녹색인 부분만) 4대, 얇게 썬다.
소금과 후추

1. 감자를 큰 소스 팬에 넣고 소금과 후추를 뿌린 후 감자 위 2.5cm까지 올라오도록 물을 붓는다. 물이 끓으면 뚜껑을 덮고 감자가 부드러워져서 칼로 찔러보면 부서질 정도까지 약 20분간 삶는다.

2. 감자는 체에 담아 물을 빼 따로 둔다. 같은 소스 팬에 크림, 버터 4큰술(55g), 파를 넣고 중불에 올려 버터가 녹고 크림이 뜨거워질 때까지 가열한다.

3. 팬을 불에서 내린다. 감자를 팬에 다시 넣는다. 손에 들고 사용하는 전동 믹서를 중속으로 혼합물이 부드럽게 섞일 때까지 작동시킨다. 소금과 후추로 간을 한다.

4. 감자를 우묵한 그릇에 담고 남은 2큰술(30g)의 버터 조각을 얹는다. 바로 상에 낸다.

메이플·콘밀 드롭 비스킷
MAPLE-CORNMEAL DROP BISCUITS

 16개 만들기

하지만 차는 너무 썼고 오믈렛은 탔으며 비스킷은 베이킹파우더가 뭉쳐 얼룩덜룩했다.

안타깝게도 마치 부인을 위해 비스킷을 만들 때, 조는 베이킹파우더를 밀가루와 잘 섞어야 하는 중요한 단계를 잊었던 모양입니다. 이 단계가 빠지면 씁쓸한 맛이 나는 얼룩이 여기저기 눈에 띄게 됩니다. 가루 재료는 골고루 잘 섞어줘야 하는데 말이죠.

가볍고 부드러운 비스킷을 만드는 한 가지 비결은, 반죽에 손을 많이 대지 않는 것입니다. 해나는 가벼운 전문가의 손길로 비스킷 반죽을 밀어서 작은 원 모양으로 잘라냈을 거예요. 그렇지만 조처럼 미숙한 요리사라면 수저로 반죽을 떨어뜨리는 편이 낫습니다. 실패가 없는 쉬운 비스킷을 만드는 이 방법을 이용하세요.

다목적용 밀가루 1과 3/4컵(220g)
황색 콘밀(옥수수 가루) 1/2컵과 2큰술(90g)
설탕 1큰술(13g)
베이킹파우더 1큰술(14g)
소금 1/2작은술
타르타르 크림(빵이나 과자를 팽창시켜 연하게 하고 맛을 좋게 하도록 넣는 첨가물) 1/2작은술
무염 버터(차가운) 3큰술(42g), 사방 1.25cm로 자른 것.
쇼트닝 2큰술(25g), 사방 1.25cm로 자른 것.
버터밀크 3/4컵(177㎖)
메이플 시럽 1/4컵(85g)
메이플 버터, 상차림용

1. 오븐을 230℃로 예열한다. 베이킹 시트에 유산지를 깔고 기름을 얇게 바른다.

2. 큰 볼에 밀가루, 콘밀, 설탕, 베이킹파우더, 소금, 타르타르 크림을 넣어 섞는다.

3. 버터와 쇼트닝을 넣는다. 페이스트리 블렌더나 2개의 테이블 나이프를 이용해서 버터와 쇼트닝을 조각내면서 혼합물이 작게 덩어리를 이룰 때까지 십자 모양으로 자르듯 섞어준다.

4. 버터밀크와 메이플 시럽을 넣는다. 혼합물이 부드러운 반죽으로 뭉쳐질 때까지 포크로 가볍게 섞는다. 둥근 수저를 이용해서 반죽을 미리 준비한 베이킹 시트에 2.5cm 간격을 두고 떨어뜨린다. 황갈색이 날 때까지 10분간 굽는다. 따뜻할 때 메이플 버터와 낸다.

메이플 버터

무염 버터 8큰술(112g)을 부드러워질 때까지 약 30분간 실온에 둔다. 메이플 시럽 2큰술(42g)과 섞는다.

메그

조

베스

에이미

Chapter 4

자매들의 달콤한
간식, 디저트, 음료

에이미는 친구들에게 최고급 프랑스 초콜릿을 대접하겠다고 고집부렸어요.

베어 씨는 서부로 떠나기 전 마치 가족에게 과일과 견과를 잔뜩 선물했고요.

조가 가장 잘 만드는 건 진저브레드,

메그의 비장의 무기는 블라망주죠.

사과 과수원 피크닉에서는 곳곳에 애플 턴오버와 쿠키가 흩어집니다.

눈치채셨나요? 마치 가족과 친구들이

달콤한 간식에 대해 매우 관대하다는 사실을!

당신도 이 달콤한 레시피들로

가족과 친구들을 거부할 수 없는 즐거움에 빠뜨려보세요.

간식

디저트

음료

에이미의 '라임 피클' 슈거 쿠키
AMY'S "PICKLED LIME" SUGAR COOKIES

에이미 마치가 맛있는 라임 피클을 (오는 길에 하나 먹고) 스물네 개 가져왔으며 그것을 나눠줄 것이라는 소문이 순식간에 친구들 사이에 퍼졌고 친구들은 대단한 관심을 보였다. 케이티 브라운은 그 자리에서 에이미를 다음번 파티에 초대했다. 메리 킹슬리는 쉬는 시간 동안 자기 손목시계를 빌려주겠다고 고집했다.

에이미와 친구들은 라임 피클을 아주 좋아하지만, 여러분이 라임의 시큼한 맛을 즐기기에는 이 쿠키가 더 좋은(얼굴을 찡그리는 일은 없애고 더 맛있게 만드는) 방법일 거예요.

 36개 만들기

슈거 쿠키 믹스 1봉(496g), 버터가 첨가된 믹스가 더 맛이 좋다.
무염 버터 1과 1/2큰술(21g), 실온에 20분 정도 두어 부드럽게 만든다.
정제 설탕 1과 1/2컵(180g)
생 라임즙 4와 1/2작은술(22㎖)
라임 제스트 1과 1/2작은술(3g)
퓨어 바닐라 익스트랙트 1/2작은술
우유(선택)
녹색 식용색소(선택)
라임 젤리 8조각 혹은 절인 라임 36쪽

1. 포장의 지시에 따라 슈거 쿠키를 준비한다. 완전히 식게 둔다.

2. 이번에는 라임 프로스팅을 만든다. 전동 핸드믹서를 중속으로 버터가 부드럽게 될 때까지 몇 초간 작동시킨다. 설탕, 라임 주스, 라임 제스트, 바닐라를 넣고 부드러워질 때까지 믹서를 작동시킨다. 필요하다면 우유를 한 번에 1작은술씩 넣어, 스프레드의 점도가 있는 프로스팅을 만든다. 원한다면 식용색소로 색을 낸다(조금만 사용해도 되므로 가능한 한 적은 양으로 시작한다).

3. 식은 쿠키 위에 프로스팅을 바르고 라임 젤리 혹은 절인 라임 조각을 얹는다. 보관하려면 층마다 유산지를 깔고 밀폐 용기에 넣어 냉장 보관한다. 3일까지 보관할 수 있다.

소금에 절인 짭짤한 간식?

에이미의 학교 친구들 사이에서는 라임 피클이 대유행이었습니다. 라임 피클은 오늘날의 크로넛cronut(크루아상과 도넛을 합친 것)처럼 단순히 유행하는 음식이 아니라, 여학생들이 '연필, 구슬 반지, 종이 인형'과 교환하는 일종의 화폐 역할을 했습니다. 에이미의 패거리에게는 신분의 상징이기도 했죠. 더 많은 라임을 돌릴수록 인기가 높아졌어요(적어도 한동안은요).

그런데 라임 피클은 정확히 어떤 것일까요? 1845년의 요리책에 따르면, 라임에 소금을 넣어서 일주일 놓아둡니다. 그 뒤 강황으로 문지르고 마늘, 양파, 정향, 생강, 식초, 겨자씨에 절입니다.

세상에, 이런 음식을 그렇게 귀중하게 여겼다뇨. 그것도 어린 여학생들이 말예요. 좀 믿기 힘든 얘긴데, 에이미에 따르면 모두가 라임 피클에 푹 빠졌다는군요. "요즘엔 라임이 대세야. 다들 책상에 넣어놓고 수업 시간에 빨아 먹고 쉬는 시간에는 라임 피클을 연필, 구슬 박힌 반지, 종이 인형 같은 물건과 교환하기도 해." 에이미가 메그에게 이렇게 설명하자 메그는 라임 피클을 살 수 있도록 돈을 건넵니다.

요즘에는 라임 피클로 찬사를 들을 수 있을 것 같지는 않네요. 대신 에이미의 '라임 피클' 슈거 쿠키가 친구들을 대접하기에 더 좋지 않을까요? 《작은 아씨들》의 팬이라면 무척 좋아할 것입니다.

"난 내 배를 모는 법을
배웠으니
폭풍우가 두렵지 않아."

—에이미

베어 씨의 초콜릿 드롭을 올린 바닐라 버터 쿠키

VANILLA BUTTER COOKIES WITH MR. BHAER'S
CHOCOLATE DROPS

데미는 어린아이 특유의 관점으로 도도 이모가 자신보다 '곰 인간'과 노는 것을 더 좋아한다는 점을 파악했다. 데미는 상처를 받았지만 화를 감추었다. 그 이유는 조끼 주머니에 초콜릿을 넣어 다니고 열성적인 구경꾼에게 시계를 꺼내서 자유롭게 흔들어 보여 주는 라이벌을 모독할 생각이 없었기 때문이다.

베어 씨는 마치 가족을 방문할 때마다 메그의 아이들, 데미와 데이지에게 당시 유행하던 초콜릿 드롭을 가져다주었습니다. 슈퍼마켓에 가면 지금도 이런 구식 사탕을 찾을 수 있어요. 커다란 엠엔엠즈M&M's처럼 생겼지만 사탕 코팅은 없습니다. 여기에서는 이 드롭을 당시의 또 다른 인기 군것질거리인 버터 쿠키에 얹습니다. 초콜릿과 버터 쿠키를 좋아하는 사람이라면(과연 좋아하지 않는 사람이 있을까요?) 도도 이모가 베어 씨와 그의 초콜릿 드롭을 좋아하는 만큼이나 이 간식을 좋아하게 될 거예요.

 48개 만들기

무염 버터 12큰술(167g), 실온에 20분 정도 두어 부드럽게
  만든다.
설탕 3/4컵(150g)
달걀 큰 것 1개
퓨어 바닐라 익스트랙트 1작은술(5㎖)
베이킹파우더 1/2작은술
소금 1/4작은술
다목적용 밀가루 1과 3/4컵(220g)
초콜릿 드롭 적당량(베이킹용 작은 초콜릿 조각으로 초콜릿 칩을
  대용으로 써도 좋다.)

1. 큰 믹싱 볼에 버터를 넣고 전동 핸드믹서를 중속으로 버터가 폭신하게 될 때까지 30초간 작동시킨다. 설탕, 달걀, 바닐라, 베이킹파우더, 소금을 넣고 믹서를 작동시켜 섞는다. 밀가루 1컵(125g)을 넣어 믹서로 섞은 뒤 나머지 3/4컵(95g)을 넣고 나무 수저로 젓는다. 반죽을 큰 공 모양으로 뭉친다. 랩에 싸서 1시간 동안 냉장 보관한다.

2. 오븐을 190℃로 예열한다.

3. 쿠키 반죽을 지름 2.5cm의 공 모양으로 성형한다. 기름을 바르지 않은 쿠키 시트에 이 공 모양 반죽을 5cm 간격으로 놓는다. 각 쿠키의 중앙에 초콜릿 드롭을 넣고 반죽이 납작해지도록 누른다. 초콜릿 드롭이 주변의 반죽과 같은 높이여야 한다.

4. 쿠키의 가장자리가 막 갈색이 되기 시작할 때까지 약 8분간 구운 후, 1분간 그대로 둔다. 얇은 금속 뒤집개를 사용해서 쿠키를 철제 식힘 망으로 옮긴 뒤 완전히 식힌다. 보관하려면 밀폐가 되는 용기에 쿠키를 한 층씩 놓고 매 층 사이에 유산지를 깐다. 실온에서는 3일, 냉동에서는 1달까지 보관할 수 있다.

봉봉 앤드 모토
BONBONS AND MOTTOES

40개 만들기

로리는 여자들을 시중드는 데 익숙한 듯이 작은 탁자를 끌고 왔고 조에게 줄 커피와 아이스크림도 가져왔다. 어찌나 친절했는지 까다로운 메그마저도 '좋은 아이'라고 할 정도였다.

메그와 조는 신년 전야의 댄스파티에서 로리를 처음으로 만났습니다. 로리와 메그는 사탕과 과자를 함께 즐기면서 재미있는 시간을 갖죠. 그때 등장하는 것이 '봉봉 앤드 모토'였어요. 모토(시구, 말장난, 수수께끼, 격언 등)를 적은 종이로 포장한 사탕을 말하죠. 포춘 쿠키쯤으로 생각하면 될 겁니다.

그때는 딱딱한 사탕을 봉봉이라고 불렀대요. 봉봉은 만들기가 까다롭고 시간이 오래 걸리기 때문에 사탕 가게에서 사는 것이 보통이었습니다. 요즘에는 쉽게 만들 수 있는 케이크 볼cake ball(케이크 시트를 초콜릿이나 크림과 섞어 작은 공 모양으로 떠낸 뒤 녹인 초콜릿을 입혀 굳히는 음식)이 봉봉의 대역이 되어줍니다.

화이트 케이크 믹스 1봉(432g)
시판 바닐라 혹은 체리, 레몬 프로스팅 1컵(235㎖), 크리미한 것.
화이트 아몬드 바크 초콜릿(조각낸 것) 혹은 화이트 베이킹 초콜릿 칩 680g
캔디 스프링클이나 스프링클 슈거

---

1. 케이크 믹스를 포장의 지시대로 베이킹 팬에 조리한다. 팬을 식힘망 위에 올려 식힌다. 2개의 큰 베이킹 시트나 트레이에 유산지를 깐다.

2. 아주 큰 봉지에 케이크를 넣어 부순다. 프로스팅을 넣고 전동 핸드 믹서를 저속으로 작동시켜 혼합물을 부드럽게 섞는다. 혼합물을 작은 스쿠프를 이용해서 준비한 베이킹 시트 위에 지름 3cm 정도의 공 모양으로 떠낸다(완전한 구형이 아니어도 걱정할 필요가 없다. 이후에 모양을 잡아주면 된다.) 케이크 볼을 냉장고에서 2시간 동안 식힌다.

3. 작은 소스 팬을 약불에 올리고 아몬드 바크 초콜릿을 넣은 후 부드럽게 녹을 때까지 저어준다. 불에서 내리고 약 10분간 식힌다.

케이크 볼을 냉장고에서 꺼낸 뒤 재빨리 굴려가면서 가능한 한 매끄럽고 둥근 모양이 되도록 다듬어준다. (필요 이상으로 만지작거리지 않아야 한다. 초콜릿을 입히려면 차가워야 하기 때문이다.)

4. 2개의 포크를 이용해서 케이크 볼에 녹은 아몬드 초콜릿을 입히고 과하게 묻은 초콜릿은 떨어지게 한다. 옷을 입은 볼은 준비된 팬 위에 되돌려 놓는다. 옷이 굳기 전에 캔디 스프링클이나 스프링클 슈거를 뿌린다. 모양이 잡힐 때까지 약 15분간 식힌다.

5. 작은 선물용 꼬리표에 모토를 적는다(82쪽 참조). 각각의 꼬리표에 리본을 꿴다. 봉봉을 몇 개씩 작은 선물 봉지에 넣고 모토 꼬리표가 달린 리본으로 묶는다. 밀폐 용기에 넣어 냉장고에 보관한다. 3일까지 보관할 수 있다.

마치 가족에게서 얻은 인생의 모토

상상력을 발휘해서 봉봉에 매달 모토를 적어보세요. 수수께끼나 속담, 노래 가사를 넣을 수도 있습니다. 초대할 손님 중에 《작은 아씨들》의 팬이 있다면 책의 한 구절을 모토로 사용해도 좋겠죠. 사람들에게 누구의 대사인지 맞혀보라고 할 수도 있겠네요.

여기 《작은 아씨들》에서 추린 몇 가지 인용구와 생각들을 소개합니다.

"돈은 필요하고 귀중하며 잘 쓰면 고귀한 것이지만 난 너희들이 돈을 최우선으로 생각하거나
돈만을 위해 노력하는 건 원치 않아." — 마치 부인

"요리에는 의욕과 정성 이외에 다른 무언가도 필요하다." — 조

"살아보니까 소박하고 작은 집에서도 진실한 행복을 만끽할 수 있더라.
매일 일용할 양식만 있으면 약간 부족하게 지낼 때 기쁨이 더 달콤하게 느껴지는 법이거든." — 마치 부인

"가서 점심이나 먹어. 먹고 나면 기분이 나아질 거야. 남자들은 항상 배고프면 우울해져서 툴툴대더라." — 조

"그들이 못되게 굴었다고 나까지 그래야 할 이유는 없어." — 에이미

"가끔은 정말 쉽지 않지만 시비에는 냉정하게 구는 법이 최선이야." — 마치 부인

"집안일은 장난이 아니에요." — 해나

"배 위에서는 남자들이 정말로 필요해. 그들에게도 좋은 일이지. 유용한 일을 하게 해주었으니까.
그게 아니었다면 담배나 죽어라 피웠을걸." — 에이미

"네가 여자라고 해서 꽉 막힌 상자에 자신을 가두면 안 돼. 무슨 일이 일어나고 있는지도 알아보고
세상이 돌아가는 일에 참여할 수 있도록 스스로 교육을 해야 해." — 마치 부인

"우리가 떠날 때 가져갈 수 있는 건 오직 사랑밖에 없으니까.
그리고 사랑이 있으면 마지막도 힘들지 않으니까." — 베스

"난 내 배를 모는 법을 배웠으니 폭풍우가 두렵지 않아." — 에이미

"우리 독일인들은 감상적인 것의 힘을 믿고 이를 통해 젊음을 유지합니다." — 베어 씨

"나는 가족이 세상에서 가장 아름답다고 생각해!" — 조

블라망주와 딸기
BLANC-MANGE AND STRAWBERRIES

"디저트로는 블라망주와 딸기를 내고 우아한 걸 원하면 커피도 마시지 뭐." -조

조는 로리에게 저녁 식사를 대접할 생각에 매우 들떴어요. 블라망주로 그 연회를 마무리할 작정이었죠. 잠깐, 블라망주가 뭔데요? 프랑스어로 블랑blanc은 '희다', 망주mange는 '먹는다'는 뜻입니다. 흰색 요리를 먹는다? 이런, 설명이 너무 모호했네요.

블라망주는 커스터드나 푸딩으로 생각하시면 됩니다. 하지만 달걀로 걸쭉하게 만드는 대신에 젤라틴을 사용한 것이 특징이죠. 그래서 눈처럼 하얗고, 부드럽고, 크리미하면서 접시 위에서 약간씩 흔들리는 디저트가 탄생합니다. 과일 소스나 얇게 썰어서 설탕에 절인 생과일을 곁들이면 대단히 맛있죠. 조의 방식을 따르고 싶다면 설탕에 절인 생딸기를 곁들여 내세요. 단, 반드시 소금이 아닌 설탕을 사용하세요. 소금을 쓴다면 불운한 저녁 만찬 앞에 조를 좌절하게 했던 참담한 뒤죽박죽 요리가 될 테니까요.

4인분 만들기

쇼트닝
찬물 1/4컵(60㎖)
무향 젤라틴 1봉(7g)
우유 1과 1/3컵(315㎖)
헤비 크림 1컵(235㎖)
설탕 1/3컵(66g)
퓨어 바닐라 익스트랙트 1작은술(5㎖)
아몬드 익스트랙트 1/4작은술

딸기 설탕 절임

딸기 3컵을 꼭지를 제거하고 얇게 저며 볼에 담는다.
설탕 1/4컵(50g)을 넣고 버무린다. 뚜껑을 덮고
딸기의 즙이 약간 생길 때까지 약 30분간 냉장 보관한다.

---

1. 175㎖짜리 젤라틴 디저트 틀이나 커스터드 컵 바닥과 옆면에 쇼트닝을 얇게 발라 둔다.

2. 중간 크기 소스 팬에 물을 붓고 젤라틴을 물 위에 뿌린다. 팬을 가볍게 흔들어서 젤라틴 가루가 모두 촉촉해지도록 한다. 혼합물을 젓지 않는다. 젤라틴이 부드러워지도록 5분간 둔다.

3. 젤라틴 혼합물을 중불에 올리고 저어가면서 젤라틴이 녹을 때까지 약 1분간 가열한다. 우유, 크림, 설탕을 넣는다. 혼합물에서 김이 오르고 설탕이 녹을 때까지 약 5분간 저어가며 가열한다. 혼합물이 끓어오르지 않게 한다. 불에서 내린다. 바닐라와 아몬드 익스트랙트를 섞는다. 혼합물을 볼에 담고 식을 때까지 30분간 냉장 보관한다. 혼합물을 준비된 디저트 틀에 나누어 넣고 뚜껑을 덮은 후 형태가 잡힐 때까지 8시간 이상 냉장 보관한다.

4. 틀 바닥을 따뜻한 물이 담긴 볼에 몇 초간 담가 블라망주를 틀에서 떼어내기 쉽게 만든다. 틀 안에 물이 들어가지 않도록 주의하고, 틀 바깥쪽의 물기는 닦아낸다. 접시를 틀 위에 뒤집어 엎고, 틀과 접시를 함께 뒤집은 후 틀을 들어올린다. 블라망주가 쉽게 떨어지지 않으면 위의 과정을 반복한다.

5. 딸기나 과일 소스를 블라망주 위에 얹어 낸다.

"네가 여자라고 해서
꽉 막힌 상자에 자신을 가두면 안 돼.
무슨 일이 일어나고 있는지도 알아보고
세상이 돌아가는 일에
참여할 수 있도록
스스로 교육을 해야 해."

-마치 부인

젤라틴, 블라망주, 예쁜 세로 홈 틀

최고의 블라망주를 만들려면 송아지 발 4개를 준비해주세요. 반드시 털은 그슬려 없애주고요. 껍질은 벗기지 않은 것을 사용해야 합니다. 솔로 깨끗이 씻는 건 기본이지요.

농담이에요! 그렇지만 조와 자매들이 로리와의 디너 파티를 위해서 블라망주를 만들던 시절에는 많은 레시피들이 송아지 발이나 부레풀(건어물의 내장으로 만든 일종의 젤라틴. 솔직히 우족보다 나을 게 없죠)로 만든 젤라틴을 사용했어요. 오늘날에는 슈퍼마켓에서 쉽게 구할 수 있는 가루 형태의 젤라틴을 사용하죠. 이것 역시 동물성 제품입니다만, 가루 젤라틴은 고기 냄새가 나지 않고 사용하기도 편리합니다.

블라망주는 마치 가족이 살던 시대에 엄청난 인기를 끌었던 디저트입니다. 요리하는 사람들은 오로지 블라망주만을 위한 예쁜 틀을 장만하곤 했죠. 요즘 흔히 볼 수 있는 화려한 젤라틴 디저트 틀과 비슷합니다. 이 레시피에도 장식적인 젤라틴 몰드를 사용할 수 있습니다. 물론 단순한 커스터드 컵을 사용해도 좋고요.

몰드가 화려할수록 모양을 제대로 내기가 힘들다는 것을 기억하세요. 이 레시피를 처음 시도해보는 경우에는 커스터드 컵을 사용하는 편이 나을 겁니다. 뜨거운 물에 틀을 담그기 전에 블라망주 옆으로 칼을 집어넣고 돌려서 가장자리에 쉽게 틈을 만들어줄 수 있을 테니까요. 세로 홈이 있거나 복잡한 디자인이 된 틀을 사용한다면 칼이 도움이 되지 않을 겁니다. 참을성을 가지고 뜨거운 물에 틀을 몇 번 담가주어야 틀에서 빼낼 수 있습니다.

과일과 견과 트라이플
FRUIT AND NUT TRIFLE

 10~12인분 만들기

"아가들을 위해서 뭘 좀 사야 하지 않을까요? 오늘 밤 당신의 유쾌한 집을 방문하려고 하니 송별회라도 하는 것이 어떨까요?" 그는 과일과 꽃이 가득한 가게 앞에서 걸음을 멈추고 물었다.

"무엇을 살까요?" 조는 그의 마지막 말을 못 들은 척하며 말했다. 두 사람이 가게에 들어갔다. 조는 애써 기분 좋은 척하며 여러 가지 향기를 맡았다.

"아이들이 오렌지와 무화과를 먹어도 되나요?" 베어 교수가 아빠 같은 말투로 물었다.

"있으면 얼른 먹죠."

"당신은 땅콩 좋아하나요?"

"다람쥐처럼 좋아하죠."

새로운 직장 때문에 곧 서부로 떠나야 하는 베어 씨는 조의 가족들과 가질 마지막 저녁 식사에 과일과 견과를 잔뜩 가져다주겠다고 고집합니다. 몇 페이지 뒤에 그가 조에게서 영원히 떠나는 것이 아님을 알고 정말 기쁘지 않으셨나요?

과일과 견과를 넣은 트라이플trifle(케이크와 과일 위에 포도주젤리를 붓고 그 위에 커스터드와 크림을 얹은 디저트)로 베어 씨의 애정과 관대함을 떠올리게 하는 근사한 디저트를 만들어봅시다. 당시에 널리 알려졌던 이 디저트는 지금도 인기가 높습니다. 이 레시피는 베어 씨가 샀던 값비싼 '함부르크 포도' 대신 블루베리, 블랙베리, 블랙 라즈베리 같은 다른 짙은 색 과일을 이용합니다.

하프 앤 하프(유지방 10~12%) 혹은 라이트 크림 1컵(235㎖)

달걀 큰 것 노른자 3개, 거품을 낸다.

설탕 1/4컵과 1큰술(63g)

소금 1꼬집

퓨어 바닐라 익스트랙트 1작은술(5㎖)

핫 밀크 스펀지케이크(95쪽), 식혀서 준비한다.

오렌지 주스 4큰술(60㎖), 나누어 놓는다.

오렌지 마멀레이드 1/3컵(100g)

생블루베리, 블랙베리, 블랙 라즈베리 2컵(290g)

생크림 1컵(235㎖), 차갑게 해서 준비한다.

아몬드 3큰술(20g), 볶아서 얇게 썬다.

(CONTINUED)

1. 중간 크기의 소스 팬을 중불에 올리고 하프 앤드 하프 크림을 부어 김이 오를 때까지 가열한다. 불에서 내려 따로 둔다.

2. 중간 크기의 볼에 달걀노른자, 설탕 1/4컵(50g), 소금을 넣고 전동 핸드믹서를 중속으로 혼합물이 걸쭉해지고 연한 레몬색이 될 때까지 약 1분간 작동시킨다. 따뜻한 크림에 달걀 혼합물을 넣고 거품기로 천천히 휘젓는다(너무 빨리 저으면 달걀이 뭉친다). 커스터드를 소스 팬에 다시 붓고 중약불에 올려 계속 저으면서, 혼합물이 걸쭉해져서 나무 수저의 뒷면에 붙을 때까지 가열한다(조리용 온도계의 온도가 74℃가 될 때까지 가열하면 적당하다). 불에서 내리고 퓨어 바닐라 익스트랙트를 넣는다. 내열 유리 볼에 옮기고 뚜껑을 씌워 3시간 이상 냉장시킨다.

3. 스펀지케이크를 2.5cm 정육면체로 자른다. 자른 케이크의 절반 분량을 직사각형 모양의 1.8리터 유리 서빙 볼에 흩뿌린다. 케이크 큐브 위에 오렌지 주스 2큰술(30g)을 뿌린다. 케이크 큐브 위에 오렌지 마멀레이드 절반 정도를 반 작은술씩 얹는다. 베리의 절반, 다음으로는 커스터드 소스의 절반을 얹는다. 나머지 케이크 큐브와 오렌지 주스, 오렌지 마멀레이드, 베리, 커스터드 소스로 위와 같이 한 층을 더 만든다. 뚜껑을 덮어 4~24시간 냉장한다.

4. 상에 내기 직전에, 차갑게 식혀둔 믹싱 볼에 생크림과 남은 설탕 1큰술(13g)을 넣고 뾰족한 봉우리가 생길 때까지 거품기로 젓는다. 휘핑된 크림을 트라이플 위에 얹고 아몬드를 뿌린다. 트라이플을 디저트 볼로 옮겨 낸다.

아몬드 볶기

얕은 프라이팬에 아몬드를 겹치지 않게 깔고 팬을 중불에 올린다. 계속 주시하면서 아몬드가 갈색이 되기 시작할 때까지 가열한다. 필요하면 뒤적이면서 아몬드가 황갈색이 되고 투명해질 때까지 볶는다. 바로 볼로 옮긴다. 뜨거운 팬에 놓아두면 계속 잔열에 타게 된다. 식혀서 사용한다.

"나는 세상에서
가족이
가장 아름답다고
생각해!"

-조

디저트 크레페
DESSERT CRÊPES

12장(15~18cm) 만들기

그렇게 에이미는 젊은이의 눈에는 늘 새롭고 아름다운 옛 세상을 찾아 떠났다. 그동안 그녀의 아버지와 친구들은 여름 햇살이 바다를 눈부시게 비추는 것 말고는 아무것도 보이지 않을 때까지 자신들을 향해 손을 흔드는 행복한 소녀의 앞날에 행운만이 가득하길 간절히 빌었다.

조에게는 정말 실망스럽게도, 캐럴 작은할머니는 유럽 여행에 조가 아닌 에이미를 데려갑니다. 프랑스에 있는 동안 에이미는 생애 처음으로 크레페를 먹어보았겠죠.(얇은 프랑스식 팬케이크는 당시의 미국 요리책에서는 찾아볼 수 없거든요.)

에이미 시대의 프랑스식 크레페는 보통의 밀가루가 아닌 메밀가루로 만들었습니다. 여기서 소개할 최신 레시피는 친구들과 함께하기에 더없이 좋은 디저트랍니다. 교대로 크레페를 만들고 장식한다면 더 재미있을 거예요.

우유 혹은 2% 탈지유 3/4컵(177㎖)
물 1/2컵(118㎖)
달걀 큰 것 2개
다목적용 밀가루 1컵(125g)
무염 버터 3큰술(42g), 녹은 것.
소금 1꼬집
원하는 토핑(다음 쪽 참조)

1. 토핑을 제외한 모든 재료를 순서대로 블렌더에 넣고 작동시킨다. 작동을 멈추고 블렌더 용기의 옆면을 한 번 훑어준 뒤 다시 작동시킨다. 반죽을 1~48시간 냉장 보관한다. (이로써 기포가 가라앉으면서 크레페가 굽는 중에 찢어지는 일이 줄어든다.)

2. 냉장 과정에서 반죽이 분리되었다면 부드럽게 저어서 섞어준다. 크레페를 1장씩 접시 위에서 식혀야 하므로 접시를 4개(지름 18cm) 준비한다.

3. 코팅 처리가 된 15~18cm 크기의 프라이팬 바닥에 녹은 버터를 살짝 바른다. 중강불에 팬을 달구고, 팬을 불에서 내려 1/4컵에 약간 못 미치는 반죽을 팬에 부은 후, 재빠르게 팬을 돌려서 반죽이 퍼지게 한다. 팬을 불에 올리고 크레페의 바닥이 밝은 갈색이 되면서 팬에서 부풀어 오를 때까지 약 30초간 굽는다. 얇은 뒤집개를 이용해서 크레페를 뒤집고 30초 더 굽는다. 접시에 옮긴다. 남은 반죽을 위의 방식으로 굽는다. 필요하면 버터를 더 바른다. 크레페를 4장 만들고 나면 식은 크레페들은 쌓아두어도 좋다. 새로 구운 뜨거운 크레페를 놓을 수 있도록 접시를 비워둔다.

4. 크레페를 반으로 두 번 접어 삼각형으로 만든 다음, 원하는 토핑을 얹어 낸다.

다양한 크레페 토핑들

버터와 설탕

접은 크레페에 살짝 녹은 버터를 얹고 설탕을 뿌린다.
원한다면 계피 가루를 약간 뿌려도 좋다.

누텔라(nutella)

이 인기 만점 초콜릿—헤이즐넛 스프레드를 크레페에 듬뿍 발라 접는다.

초콜릿-아몬드

크레페를 접고 초콜릿 소스를 뿌린다. 휘핑한 크림과 볶은 아몬드 슬라이스를 얹는다.

딸기-캐러멜

크레페를 접고 설탕에 절인 딸기와 따뜻한 캐러멜 소스, 휘핑한 크림을 얹는다.

딸기

접은 크레페 위에 설탕에 절인 생딸기와 휘핑한 크림을 얹는다.

블랙 포레스트

접은 크레페 위에 씨를 빼고 설탕에 절인 생 체리, 초콜릿 소스,
휘핑한 크림, 대팻밥 형태의 초콜릿을 올린다.

파리지엔 크림 퍼프
PARISIAN CREAM PUFFS

프랑스 초콜릿을 좋아하는 에이미는 숙모와 프랑스를 여행하던 중에 만난 크림 퍼프와 사랑에 빠졌을 게 분명합니다. 그리고 곧 에이미는 그 나라에서는 이 디저트를 크림 퍼프가 아니라 프로피트롤profiterole이라고 부른다는 것을 알게 되었겠죠.

초콜릿을 좋아하는 친구들에게 이 디저트를 대접해보세요. 따뜻한 초콜릿 소스를 그릇에 담아내서 손님들이 프로피트롤 위에 원하는 만큼 초콜릿을 뿌려 먹을 수 있게 한다면 금상첨화겠죠.

 24개 만들기 (8인분)

우유 혹은 2% 탈지유 1/2컵(118㎖)
무염 버터 4큰술(55g), 조각낸 것.
다목적용 밀가루 1/2컵(62g)
소금 1/4작은술
달걀 큰 것 2개
초콜릿 소스와 바닐라 아이스크림, 상차림용(최고의 결과를 얻으려면 크림 성분이 든 고급 초콜릿 소스를 사용한다.)

1. 오븐을 200℃로 예열한다. 베이킹 시트에 유산지를 깐다.

2. 중간 크기의 소스 팬을 중불에 올리고 우유와 버터를 넣은 뒤 버터가 녹고 혼합물에서 김이 오를 때까지 가열한다. 밀가루와 소금을 넣는다. 반죽이 공 모양이 되고 팬 가장자리에서 떨어질 때까지 나무 수저로 휘저으며 가열한다. 1분 더 섞어준다. 불에서 내리고 10분간 식힌다.

3. 달걀 1개를 넣고 반죽에 완전히 섞일 때까지 휘젓는다. 반죽이 부드러워지면 나머지 1개의 달걀을 넣고 잘 섞는다. 준비한 베이킹 시트에 작은 수저로 반죽을 떠놓는다.

4. 15분간 굽는다. 오븐의 온도를 180℃로 낮추고 퍼프가 황갈색이 될 때까지 8~10분 더 굽는다. 크림 퍼프를 식힘망 위로 옮겨 식힌다.

5. 소스 팬에 초콜릿 소스를 넣고 부을 수 있는 농도가 될 때까지 살짝 데운다. 톱날 칼을 이용해 퍼프를 가로로 2등분 한다. 각 퍼프에 바닐라 아이스크림을 조금씩 떠 얹는다. 퍼프는 한 접시에 3개씩 얹고 테이블에 초콜릿 소스를 함께 낸다.

애플 슬럼프
APPLE SLUMP

9인분 만들기

루이자 메이 올컷은 애플 슬럼프에 대해서 정말 잘 알고 있었던 듯합니다. 그녀는 자신의 가족이 사는 과수원집을 '과수원 슬럼프Orchard Slump'라고 불렀습니다. 늘 수리가 필요했기 때문이죠.

전통적인 과일 슬럼프는 스토브 위에서 모든 조리가 이루어지는 데 반해, 이 버전은 오븐에서 마무리가 됩니다. 이 신식 레시피는 옛날 방법을 그대로 따르지는 않았지만 대신 먹음직스러운 갈색의 토핑을 자랑합니다. 나무나 석탄을 때는 1860년대의 스토브와 달리, 현대의 오븐은 이런 식의 비스킷 토핑 디저트를 훨씬 쉽게 구울 수 있게 해줍니다.

사과 4와 1/2컵(680g). 그래니 스미스(Granny Smith)나 브레이번(Braeburn)이나 허니크리스프(Honeycrisp) 종류, 껍질과 씨를 제거하고 얇게 썬다.

황설탕 1/2컵(115g)
생 레몬즙 2작은술(10mℓ)
계피 가루 1/2작은술
찬물 2작은술(30mℓ)
옥수수 전분 2와 1/2작은술
다목적용 밀가루 1컵(125g)
설탕 1/4컵(50g)
베이킹파우더 1작은술(4.6g)
소금 1/4작은술
무염 버터 4큰술(55g), 차갑고 조각낸 것.
달걀 큰 것 1개
우유 1/4컵(60mℓ)
바닐라 아이스크림, 상차림용

1. 오븐을 200℃로 예열한다.

2. 큰 소스 팬에 사과, 황설탕, 레몬즙, 계피를 넣고 간간이 저으면서 끓인다. 끓어오르면 불을 줄이고 뚜껑을 덮은 후, 가끔 저어가며 사과가 부드러우면서도 아삭함을 잃지 않을 때까지 5분쯤 가열한다.

3. 작은 볼에 찬물과 옥수수 전분을 섞고 사과 혼합물을 넣는다. 혼합물이 걸쭉해지고 기포가 생길 때까지 섞어가며 가열한다. 뚜껑을 덮고 작은 불로 온도를 유지하도록 해둔다.

4. 토핑을 만들기 위해 작은 믹싱 볼에 밀가루, 설탕, 베이킹파우더, 소금을 섞는다. 페이스트리 블렌더나 2개의 나이프를 이용해서 버터를 조각내면서 혼합물이 작게 덩어리를 이룰 때까지 십자 모양으로 자르듯 섞어준다. 작은 볼에 달걀과 우유를 넣어 거품기로 잘 섞어준다. 밀가루 혼합물을 달걀 혼합물에 넣고 혼합물이 촉촉해질 때까지 포크로 섞는다.

5. 사과 혼합물을 20cm 사각형 접시에 넣는다. 스푼을 이용해서 사과 소 위에 토핑을 9등분 해 얹는다.

6. 소에서 기포가 생기고 토핑이 황갈색이 될 때까지 약 25분간 굽는다. 상에 내기 좋은 따뜻한(뜨겁지 않은) 온도가 될 때까지 식힌 후 디저트 접시에 담고 아이스크림을 얹어 낸다.

메그의 '자두' 푸딩
MEG'S "PLUM" PUDDING

6인분 만들기

"건포도는 그만 먹으렴, 데미. 많이 먹으면 배가 아프단다." 자두 푸딩을 먹는 날 주방에서 일손을 돕는 아이에게 어머니가 말했다.

메그는 '자두' 푸딩을 만드는 동안 어린 아들이 건포도에 손을 못 대게 하려고 애를 씁니다. 자두 푸딩은 건포도, 커런트, 감귤류 과일의 껍질, 향신료로 맛을 내는 전통적인 크리스마스 케이크입니다. 놀랍게도 자두는 들어가지 않아요! 이 디저트에는 특별한 틀이 필요하고 스토브 위에서 몇 시간이나 쪄주는 과정도 필요합니다. 이 디저트를 만들기 위해 온전히 하루를 빼두는 이유를 이제 아셨나요?

메그가 이용했을 법한 재료와 향신료를 이용하지만 훨씬 더 간단한 레시피를 소개합니다. 특별한 틀이 필요없고요. 이 디저트와 가장 잘 어울릴 법한 버터스카치 칩을 추가했어요.

드라이 화이트 브레드 큐브 3컵(330g), 사방 2.5cm(노트 참조)

버터스카치 베이킹 칩 1/4컵(40g)

건포도 1/4컵(35g)

달걀 큰 것 2개

설탕 1/2컵(100g)

계피 가루 1/4작은술

넛맥 가루 1/4작은술

소금 1/4작은술

우유 1과 1/2컵(355㎖)

퓨어 바닐라 익스트랙트 1작은술(5㎖)

시판 캐러멜 소스 1컵(235㎖)

생 오렌지즙 1/4컵(60㎖)

오렌지 제스트 1/2작은술(105쪽 노트 참조)

1. 오븐을 180℃로 예열한다. 20cm 사각 베이킹 디시에 기름을 바른다.

2. 준비된 베이킹 디시에 드라이 브레드 큐브를 고르게 얹는다. 버터스카치 칩과 건포도를 뿌린다.

3. 큰 볼에 달걀, 설탕, 계피, 넛맥, 소금을 넣어 부드럽고 걸쭉하게 될 때까지 거품기로 젓는다. 우유와 바닐라를 넣고 천천히 휘젓는다. 달걀 혼합물을 베이킹 디시의 빵 위에 붓고 뒤집개로 빵을 눌러 달걀 혼합물에 잠기도록 한다. 브레드 큐브가 완전히 젖을 때까지 약 10분간 놓아둔다.

4. 푸딩이 폭신해지고 황갈색이 되며, 칼로 중앙을 찔렀을 때 재료가 묻어나오지 않을 때까지 40~45분간 굽는다. 약간 식힌다. 그동안 작은 소스 팬에 캐러멜 소스, 오렌지 주스, 오렌지 제스트를 넣어 섞는다. 소스가 부을 수 있는 농도가 될 때까지 가열한다. 따뜻한 푸딩을 디저트 접시에 떠놓고 캐러멜 소스를 부어 낸다.

노트: 드라이 브레드를 만들려면, 얕은 베이킹 팬에 정육면체로 자른 빵 조각을 펴놓는다. 150℃ 오븐에서 한 번 섞어주면서 수분이 날아가고 구워지기 직전까지 10분 동안 굽는다. 식힌 후 사용한다.

조의 진저브레드
JO'S GINGERBREAD

 16인분 만들기

"조, 너무 이것저것 어수선하게 만들지 마. 네가 먹을 만하게 만드는 건 진저브레드랑 당밀사탕뿐이잖아. 어쨌든 난 점심 식사 초대에 손 뗄 거야. 네 멋대로 로리를 초대했으니 알아서 대접해." -메그

조는 오믈렛, 차, 비스킷, 아스파라거스, 바닷가재, 블라망주 요리에는 전문가가 아닐지 모르지만 진저브레드만큼은 어떻게 만들어야 하는지 잘 알고 있었습니다. 그도 그럴 것이 진저브레드는 누구나 만들 수 있는 가장 쉬운 케이크니까요.

당시의 수많은 요리책들이 '소프트 진저브레드(진저브레드 케이크)'와 '하드 진저브레드(진저브레드 쿠키)'의 레시피를 소개했습니다. 많은 케이크들이 이 레시피와 같이 향신료와 당밀의 깊은 풍미에 밝고 청량한 활기를 더하는 레몬 향을 이용하고 있습니다. 진저브레드 케이크를 만들어본 적이 없거나 오랫동안 잊고 지냈다면, 이 레시피로 그 독특한 매력을 다시 떠올려보세요. 디저트 세계에 이 케이크만큼 특별한 것은 없습니다.

다목적용 밀가루 3컵(375g)
생강가루 1큰술
계피 가루 2작은술(3.6g)
베이킹 소다 1작은술(4.6g)
베이킹파우더 1작은술(4.6g)
정향 가루 1/2작은술
소금 1/2작은술
흑설탕 1과 1/3컵(300g)
당밀, 부드러운 향이 나는 것 1과 1/4컵(300㎖)
무염 버터 8큰술(112g), 조각낸 것.
끓인 물 1과 1/3컵(315㎖)
달걀 큰 것 2개
정제 설탕 1컵(120g)
생 레몬즙 2큰술(30㎖)
휘핑한 크림, 상차림용

1. 오븐을 180℃로 예열한다. 33cmx23cm 케이크 팬 안쪽에 기름을 바른다.

2. 큰 볼에 밀가루, 생강가루, 계피 가루, 베이킹 소다, 베이킹파우더, 정향, 소금을 넣고 거품기로 젓는다. 혼합물의 중앙에 구멍을 만든다.

3. 또 다른 큰 볼에 흑설탕, 당밀, 버터를 넣고 섞는다. 끓인 물을 넣고, 버터가 녹고 혼합물이 부드러워질 때까지 거품기로 젓는다. 달걀을 넣고 거품기로 젓는다. 밀가루 혼합물에 붓는다. 전동 핸

드믹서를 저속으로 재료가 잘 섞이고 부드럽게 될 때까지 1~2분간 작동시킨다. 반죽을 준비된 케이크 팬에 붓는다.

4. 나무젓가락으로 중앙을 찔렀을 때 반죽이 묻어나오지 않을 때까지 35~40분간 굽는다. 팬을 식힘망 위에 두고 한 김 식힌다.

5. 진저브레드를 굽는 동안 작은 볼에 정제 설탕, 레몬즙을 넣고 묽게 흘러내리는 농도가 될 때까지 거품기로 젓는다. 따뜻한 진저브레드 위에 뿌린다. 따뜻할 때 휘핑된 크림과 함께 낸다.

핫밀크 스펀지케이크
HOT MILK SPONGE CAKE

8인분 만들기

스펀지케이크는 19세기 디저트의 전형입니다. 마치 자매 시대의 대부분 요리책이 이 진하면서도 부드러운 케이크의 레시피를 한 가지 이상 실었죠. 블랙 라즈베리 젤리케이크(101쪽)나 과일과 견과 트라이플(89쪽)과 같은 다른 디저트의 기본 재료로도 쓰입니다. 스펀지케이크는 대부분의 케이크보다 만들기가 쉬워요. 요리를 잘하지 못하는 조도(지금 우리가 가진 것처럼 온도가 정확한 오븐이 있었다면 훨씬 도움이 되었겠지만) 만들 수 있었다는 걸 기억하세요.

정제 설탕을 살짝 뿌린 스펀지케이크는 저미고 설탕에 절인 딸기, 라즈베리, 복숭아, 체리 같은 생과일을 올리기에 안성맞춤입니다. 여기에 설탕을 약간 넣은 휘핑크림을 얹으면 훨씬 더 좋겠죠. 겨울에는 딸기 윈터 소스(109쪽)와 휘핑크림을 곁들여 내 보세요.

다목적용 밀가루 1컵(125g)
베이킹파우더 1작은술(4.6g)
소금 1꼬집
달걀 큰 것 2개
설탕 1컵(200g)
퓨어 바닐라 익스트랙트 1작은술(5㎖)
우유 1/2컵(118㎖)
무염 버터 3큰술(42g), 조각낸 것.

1. 오븐을 180℃로 예열한다. 지름 20cm, 높이 5cm의 둥근 혹은 사각형 케이크 팬의 바닥과 옆면에 기름과 밀가루를 바른다.

2. 작은 볼에 밀가루, 베이킹파우더, 소금을 넣어 섞은 뒤 놓아둔다.

3. 중간 크기 볼에 달걀을 넣어 전동 핸드믹서를 중강속으로 달걀이 단단해지고 레몬색이 날 때까지 약 3분간 작동시킨다. 설탕을 조금씩 넣으면서 색이 연해지고, 가벼워지면서, 폭신해질 때까지 믹서를 약 2분 더 작동시킨다. 바닐라를 넣고 젓는다. 주걱을 이용해서 밀가루를 달걀 혼합물에 넣어 섞는다.

4. 작은 소스 팬에 우유와 버터를 넣고 중불에서 버터가 녹을 때까지 가열한다. 이 뜨거운 우유 혼합물을 반죽에 천천히 부으면서 섞일 때까지 계속 젓는다. 혼합물을 준비된 케이크 팬에 붓는다.

6. 나무젓가락으로 중앙을 찔렀을 때 반죽이 묻어나오지 않을 때까지 25~30분간 굽는다. 팬을 식힘망 위에 두고 한 김 식힌다. 팬의 가장자리에 칼을 넣어 팬에서 케이크를 떼어낸다. 케이크를 잘라 상에 낸다.

레몬 크림을 곁들인
블랙 라즈베리 젤리케이크
BLACK RASPBERRY JELLY CAKE
WITH LEMON CREAM

위노나 라이더 주연의 1994년 작 《작은 아씨들》 영화를 볼 기회가 생긴다면 영화 끝 무렵에 잠깐 보이는 테이블 위의 젤리롤을 살펴보세요. 젤리롤은 스펀지케이크에 젤리를 발라 돌돌 만 요리입니다. 이 케이크 롤은 남북전쟁 이후에 (《작은 아씨들》이 처음 발표되었던) 미국에서 유행한, 좀 더 우아한 버전의 젤리케이크라고 할 수 있어요. 케이크 사이에 젤리를 발라 만든 이 디저트는 화려한 젤리롤과 정확히 똑같은 맛을 내지만 만들기는 훨씬 쉽습니다.

 8~10인분 만들기

핫밀크 스펀지케이크(99쪽), 식혀서 준비한다.
헤비 휘핑크림 1컵(235㎖)
정제 설탕 3큰술(22g)
퓨어 바닐라 익스트랙트 1/2작은술
레몬 제스트 1/4작은술(105쪽 노트 참조)
생 레몬즙 2작은술(10㎖)
블랙 라즈베리 잼, 씨 없는 것 1/2컵(160g)

1. 스펀지케이크를 만들되 케이크 팬의 옆면에 기름을 바르지 말고 바닥에 유산지를 깐 뒤에 유산지에 기름을 바른다. 케이크를 구워 식힌다.

2. 팬의 가장자리에 칼을 넣어 팬에서 케이크를 떼어낸다. 큰 도마에 팬을 뒤집어 놓고, 팬을 들어올린 후, 유산지를 제거한다.

3. 레몬 크림을 만들기 위해 작은 믹싱 볼과 전동 믹서의 거품기를 냉장고에 20분간 넣어 둔다. 휘핑크림, 설탕, 바닐라, 레몬 제스트를 차가운 믹싱 볼에 넣어 섞는다. 전동 핸드믹서를 봉우리가 생길 때까지 중속으로 작동시킨다. (믹서의 작동을 멈추고 거품기를 크림 위로 들어올린다. 크림이 바로 주저앉지 않고 서 있으면 봉우리가 형성된 것이다.) 레몬즙을 넣어 거품기로 섞는다.

4. 긴 톱날 칼을 이용해 케이크를 수평으로 2등분 한다. 납작한 접시에 아래층을 놓고 잼을 펴 바른다. 남은 한 층을 올린다. 케이크 위에 레몬 크림을 바른다. 케이크를 잘라 상에 낸다.

애플 턴오버
APPLE TURNOVERS

과자 부스러기가 온 들판에 떨어졌고 애플 턴오버는 처음 보는 새처럼 나무 위에 올라가 있었다. 여자들은 티타임을 가졌고 테디는 먹을 것 사이를 마음대로 돌아다녔다.

《작은 아씨들》의 맨 마지막 장면, 피크닉을 즐기는 곳에는 애플 턴오버가 천지입니다. 장난꾸러기들이 과수원을 헤집고 다니며 파이를 먹고 놀았기 때문이죠. 이 전통적인 애플 턴오버는 그와 같은 즐거움을 가져다줄 것입니다. 당신은 파이를 마당에서 던지고 노는 것보다는 먹는 편을 좋아하겠지만 말입니다.

6인분 만들기

사과 3개(약 3컵), 중간 크기의 그래니 스미스, 허니크리스프, 브레이번과 같은 종류, 껍질과 씨를 제거하고 잘게 썬다.
흑설탕 1/4컵(56g)
무염 버터 2큰술(28g)
생 레몬즙 1큰술(15㎖)
옥수수 전분 1큰술(8g)
애플파이 스파이스 1작은술(2.3g)
냉동 페이스트리 생지 1장(490g 포장 제품의 절반), 포장의 설명에 따라 해동해 둔다.
달걀 큰 것 1개
물 1큰술(15㎖)
굵은 설탕 혹은 그래뉴당

1. 오븐을 200℃로 예열한다. 베이킹 시트에 유산지를 깐다.

2. 중간 크기의 소스 팬에 사과, 흑설탕, 버터, 레몬즙, 옥수수 전분, 애플파이 스파이스를 넣고 섞는다. 중강불에 올리고 가끔씩 저어가면서 걸쭉해지고 기포가 생길 때까지 가열한다. 불에서 내린다. 한 김 식을 때까지 약 5분간 놓아둔다.

3. 조리대 표면에 밀가루를 살짝 뿌린 후, 밀대로 페이스트리 생지를 35.5cm 사각형으로 민다. 반으로 자른 뒤 십자로 3등분 하여 6개의 사각형을 만든다. 작은 볼에 달걀과 물을 넣고 부드러워질 때까지 거품기로 젓는다. 사각형의 페이스트리 반죽 가장자리에 달걀 혼합물을 바른다. 사각 반죽들을 준비된 베이킹 시트로 옮기고 1/3컵에 못 미치는 양의 사과 혼합물을 반죽의 한 쪽에 떠 얹는다. 반으로 접어 소를 덮은 뒤 가장자리를 눌러 붙이면서 주름 모양을 내준다. 김이 빠져나가도록 반죽 위에 3개씩 칼집을 낸다. 이 과정을 반복한다. (소를 지나치게 많이 채우지 않는다.)

4. 턴오버 위에 달걀 혼합물을 바르고 굵은 설탕을 뿌린다. 남은 달걀 혼합물은 버린다. 턴오버가 황갈색이 될 때까지 20~25분간 굽는다. 소가 대단히 뜨거우므로 15분 이상 식혀서 낸다.

깜찍한 리틀 타르트
CAPTIVATING LITTLE TARTS

쌍둥이는 무슨 새 천년이 찾아온 것처럼 들떠서 뒤에서 깡충거렸다. 모두가 새로 온 식구와 함께 아주 분주했고 아이들은 자기 마음대로 하게 놔둔 상태라 당연히 그 기회를 잘 활용했다. 아이들은 몰래 차를 한입씩 마시고 진저브레드를 마음대로 먹고 뜨거운 비스킷 조각을 무단으로 챙겼다. 작은 주머니에 타르트를 재빨리 집어넣다가 끈적거리고 부스러기가 잔뜩 생기는 것을 보고 인간의 본성과 페이스트리는 쉽게 부서진다는 점을 배웠다.

데미와 데이지(존과 메그의 쌍둥이를 부르는 애칭)는 타르트를 옷 주머니에 넣어서 돌아다니면 안 된다는 값비싼 교훈을 얻었습니다. 쌍둥이는 단순한 잼 타르트를 무척 좋아했지요. 타르트는 아기들의 주머니에 들어갈 정도로 작습니다만 우리는 주머니에 집어넣지 않는 게 좋겠죠?

24개 만들기

냉장 파이 크러스트 2장들이 1봉(400g), 포장의 설명에 따라
　　실온에 맞춰 놓는다.
과일 잼 1/2~2/3컵(160~200g)
무염 버터 2큰술(28g)
계피 가루
정제 설탕 혹은 휘핑크림(선택)

1. 오븐을 200℃로 예열한다. 24구 미니 머핀 팬의 컵 안에 기름을 살짝 바른다.

2. 조리대에 밀가루를 살짝 뿌리고 파이 크러스트를 편다. 6cm 원형 커터를 이용해서 24개의 원형 반죽을 잘라내고, 남은 반죽은 버린다. 원형 반죽을 머핀 팬에 넣고 필요하다면 가장자리에 주름을 잡는다.

3. 각각의 크러스트 바닥에 버터를 소량(약 1/4작은술) 바른다. 계피 가루를 살짝 뿌린다. 크러스트에 잼을 작은술로 수북하게 한 술씩 떠 넣는다.

4. 크러스트가 금색이 될 때까지 15~18분 굽는다. 식힌다. 타르트를 머핀 팬에서 꺼낸다. 필요하다면 타르트 가장자리 주변에 칼을 넣어 팬에서 떼어낸다. 원한다면 타르트에 정제 설탕을 뿌리거나 휘핑크림을 조금씩 얹는다.

'레몬 치즈' 타르틀렛
"LEMON CHEESE" TARTLETS

30개 만들기

레몬 커드lemon curd(레몬, 설탕, 달걀, 버터를 섞어 엉기게 만든 것)는 마치 자매 시대에 인기가 높았지만 자매들은 이 새콤달콤한 군것질을 레몬 커드라고 부르지 않았습니다. 그 시대 일부 요리책은 '레몬 치즈'라고 불렀고 이를 이용해서 만든 타르트는 '레몬 치즈-케이크'라고 했습니다. 오늘날의 치즈케이크와 혼동하지 마세요.

레몬 치즈-케이크의 초기 레시피에서는 '퍼프 페이스트(퍼프 페이스트리)'에 '레몬 치즈'를 얹습니다. 지금은 퍼프 페이스트를 시판 필로 반죽phyllo dough(얇은 조각 모양의 페이스트리를 만드는 매우 묽은 반죽)으로 대체해 쉽고 간단하게 레몬 치즈-케이크를 만들 수 있어요. 레몬 커드도 시판되는 것을 구입할 수 있지만 집에서 만든다면 더 신선하고 매력적이겠죠.

마치 대고모는 오후의 티타임에 이 타르틀렛을 내놓았을 겁니다. 물론 그럴만한 가치가 있다고 느낄 때만 말입니다. 오늘날에는 이 귀여운 음식을 디저트로 내기도 하고 모임에 달콤한 간식을 가져가야 할 때 이용하기도 합니다.

달걀 큰 것 3개
설탕 1/2컵(100g)
레몬 제스트 1큰술(6g)(노트 참조)
소금 1꼬집
생 레몬즙 1/2컵(120㎖)
무염 버터 6큰술(85g), 6조각 낸다.
냉동 미니 필로 타르트 쉘 2봉(54g), 해동해 둔다.
블루베리나 라즈베리, 장식용
가당 휘핑크림, 상차림용(선택)

1. 중간 크기 소스 팬에 달걀, 설탕, 레몬 제스트, 소금을 넣고 거품기로 휘젓는다. 레몬즙을 넣고 휘젓는다. 팬을 중불에 올린다. 계속 휘저으면서 버터를 한 번에 1조각씩 넣는다. 1조각이 다 녹은 후에 다음 조각을 넣는다. 계속 저으면서 커드가 걸쭉해지고 조리용 온도계의 온도가 74℃가 될 때까지 약 3분 더 가열한다. 작은 볼에 긁어 넣는다. 뚜껑을 덮고 2시간 이상 냉장 보관한다.

2. 타르트 쉘에 커드를 떠 넣는다. (남은 커드는 밀폐 용기에 넣어 냉장하면 3일까지 보관할 수 있다. 쇼트브레드 쿠키를 찍어 먹는 스위트-타르트 딥으로 이용해도 좋다.) 타르틀렛은 즉시 상에 내도 좋고 1시간까지 냉장해 두어도 괜찮다. 상에 내기 직전에 라즈베리나 블루베리 1~2개와 원한다면 가당 휘핑크림을 얹어도 좋다.

노트: 레몬, 오렌지, 라임 제스트를 만들 때는 과일을 잘 씻고 키친타월을 이용해 물기를 없앤다. 제스터나 강판을 이용해 과일을 돌려가며 색깔이 있는 껍질 부분을 갈아낸다. 색이 있는 껍질 부분만 갈아야 한다. 하얀색의 중과피는 씁쓸한 맛이 난다. 레시피에 필요한 양을 얻을 때까지 계속한다.

분홍과 하양의 아이스크림 디저트
PINK AND WHITE ICE CREAM DESSERT

 8인분 만들기

아이스크림이 분홍색과 흰색 이렇게 두 그릇이나 있었고 케이크, 과일, 눈길을 사로잡는 봉봉도 있었다. 식탁 가운데에는 온실에서 기른 꽃으로 만든 풍성한 꽃다발이 네 개 놓여 있었다.

크리스마스 날 저녁 마치 자매들은 이런 화려한 것들이 펼쳐진 테이블을 보고 탄성을 지릅니다. 누가 이런 상을 마련했는지 추측해 보기도 하고요. 요정? 산타클로스? 어머니? 마치 대고모? 아닙니다. 이 세련된 꽃과 음식은 자매들이 자신들의 크리스마스 아침 식사를 불쌍한 훔멜 가족에게 양보했다는 것을 알게 된 로리 할아버지의 선물이었습니다. 로런스 씨는 소녀들에게 그들의 희생을 보상할 사랑스러운 것들을 대접하고 싶었습니다.

아이스크림은 지금처럼 언제든 먹을 수 있는 군것질거리는 아니었지만 1850년대에 발명된 냉동 방식의 혁신으로 그렇게 귀한 것도 아니었습니다. 그렇지만 마치 자매들에게 아이스크림, 더구나 분홍색과 흰색 두 가지 아이스크림은 대단한 선물이었죠. 이 레시피는 두 가지 색의 아이스크림을 하나의 디저트에 합쳐 넣었습니다. 간단하기는 하지만 여전히 근사한 간식이죠.

바닐라 아이스크림 3컵(420g)
초콜릿 파이 크러스트(20cm) 1장
딸기 아이스크림 3컵(420g)
초콜릿 혹은 퍼지 소스
생딸기, 저미거나 4등분 한 것 혹은 딸기 원터 소스(109쪽)
가당 휘핑크림

1. 중간 크기의 볼에 바닐라 아이스크림을 넣고 부드럽게 저어질 때까지 약 5분간 녹인다. 파이 크러스트에 떠 넣고 고무 주걱이나 뒤집개를 이용해서 고르게 편다. 굳을 때까지 45~60분간 얼린다.

2. 또 다른 볼에 딸기 아이스크림을 넣고 부드럽게 저어질 때까지 약 5분간 녹인다. 딸기 아이스크림을 바닐라 아이스크림 층 위에 조심스럽게 떠 올리고 고르게 편다. 뚜껑을 덮고 1시간 이상 얼려서 굳힌다.

3. 쉽게 자를 수 있도록 상에 내기 15~20분 전에 파이를 냉동고에서 꺼내 놓는다. 필요하다면 초콜릿 혹은 퍼지 소스를 부을 수 있는 농도가 될 때까지 살짝 데운다. 파이를 8조각으로 자른다. 디저트 접시에 하나씩 올리고 딸기를 얹은 후 초콜릿 소스를 뿌린다. 휘핑크림을 얹어 낸다.

딸기 셔벗
STRAWBERRY SHERBET

 약 1.4리터 만들기

"도와줄까?" 친근한 목소리가 들렸다. 로리가 한 손에는 커피가 가득 담긴 잔을, 다른 한 손에는 아이스크림이 담긴 그릇을 들고 있었다.

이 당시에는 '아이스'가 과일 주스나 설탕에 절인 과일 퓌레를 얼려 만든 디저트를 의미했습니다. 로리가 신년 전야 파티에 메그에게 가져다준 것이 정확히 어떤 디저트인지는 알 수 없어요. 당시의 일부 요리책에는 우리가 지금 알고 있는 것에 가까운 아이스크림도 실려 있으니까요. 그렇지만 1859년의《젊은 주부의 친구》에서는 크림이 들어간 과일 아이스를 소개하고 있습니다. 우리가 지금 셔벗이라고 부르는 것과 비슷한 디저트죠. 셔벗은 아이스크림과는 다릅니다. 아이스크림에는 달걀이 들어가지만 셔벗에는 달걀이 들어가지 않거든요.

이 레시피는 셔벗 방식을 따릅니다. 좋은 과일 셔벗을 맛본 지 오래되었다면 한번 시도해보세요. 과일 아이스보다는 크리미하지만, 기름진 아이스크림보다는 상큼하고 가벼운 셔벗이라면 당신의 입맛에 딱 맞을 겁니다.

딸기 454g, 생딸기는 꼭지를 따고 준비한 것. 냉동 무가당 딸기는 해동한 것.
헤비 크림 1컵(235㎖)
2% 탈지유 1컵(235㎖)
설탕 3/4컵(150㎖)
생 레몬즙 1큰술(15㎖)

1. 블렌더나 푸드 프로세서에 딸기를 넣고 걸쭉한 퓌레 상태가 될 때까지 간다. 셔벗에 씨가 들어가지 않도록 퓌레를 가는 체에 걸러 볼에 담는다. 크림, 우유, 설탕, 레몬즙을 넣고 설탕이 녹을 때까지 젓는다. 뚜껑을 덮고 2시간 이상 얼린다.

2. 딸기 혼합물을 아이스크림 메이커 용기에 넣고 제조업체의 지시에 따라 얼린다. 부드러운 질감을 위해서 바로 상에 낸다. 좀 더 딱딱한 질감을 원한다면 셔벗을 냉동 용기에 넣고 뚜껑을 닫은 후 4시간 이상 얼린다.

딸기 윈터 소스
STRAWBERRIES IN WINTER SAUCE

 2컵 만들기

그녀는 돈이 권력을 가져다주는 것을 목격했고 따라서 돈과 권력을 가지기로 마음먹었다. 자기만을 위해서가 아니라 더 사랑하는 가족들을 위해서 말이다. 집 안을 안락하게 채우고 베스가 원하는 거라면 한겨울의 딸기부터 침실에 놓을 오르간까지 전부 사주고 자신은 해외로 나가 자선단체에 기부하는 미덕을 보여주는 것이 수년간 조가 머릿속에서 그린 큰 염원이었다.

마치 자매들에게 음식은 가족과 친구들에게 배려와 애정을 표현하는 수단으로 쓰이는 때가 많았습니다. 조가 통속 소설을 써서 돈을 벌고 한겨울의 딸기에서부터 침실의 오르간까지 아픈 동생의 기운을 돋워주는 일을 하겠다는 결심은 유난히 마음을 울립니다.

1860년대 뉴잉글랜드에서 겨울철의 딸기는 어마어마하게 비쌌을 겁니다. 기후가 따뜻한 남쪽에서 먼 길을 거쳐와야 했으니까요. 요즘에는 1년 내내 딸기를 쉽게 구할 수 있습니다. 농산물과 냉동 코너에서 거의 항상 찾을 수 있죠. 아이스크림이나 엔젤푸드 케이크, 핫밀크 스펀지케이크(99쪽), 블라망주(85쪽) 등의 디저트에 정말 잘 어울리는 이 소스를 만드는 데 냉동 딸기가 제격입니다.

냉동 무가당 딸기 1팩(454g), 해동해 둔다.
설탕 1/4컵(50g)
옥수수 전분 1작은술(3g)
생 레몬즙 2작은술(10㎖)

1. 중간 크기의 소스 팬에 딸기, 설탕, 옥수수 전분을 넣는다. 중불에 올리고 혼합물이 끓어오를 때까지 가열한다. 중약불로 줄이고 자주 저으면서 딸기에서 즙이 나오고 아주 부드러워질 때까지 약 6분간 뭉근히 끓인다.

2. 팬을 불에서 내리고 나무 수저의 뒷면을 이용해서 딸기를 반으로 으깨 소스를 걸쭉하게 만든다. 레몬즙을 넣는다. 소스를 볼에 옮긴다. 뚜껑을 덮고 2시간 이상 냉장 보관한 뒤 상에 낸다. 3일까지 냉장 보관할 수 있다.

에이미의 레모네이드
AMY'S LEMONADE

"내일이면 6월이네. 내일 킹 씨네 가족이 바닷가로 떠나면 난 자유야! 휴가 3개월을 어떻게 하면 잘 보낼 수 있을까!" 훈훈한 어느 날 집에 돌아온 메그가 평소와 달리 기진맥진해 소파에 누워 있는 조를 보고 말했다. 베스는 조의 먼지 묻은 장화를 벗겨 주었고, 에이미는 모두 원기를 회복할 수 있도록 레모네이드를 만들었다.

마치 가 네 자매가 레모네이드로 여름의 시작을 축하하네요. 아마도 에이미가 생레몬을 짠 뒤 간단한 시럽(설탕을 물에 녹인 것)을 첨가해서 만들었을 겁니다. 레모네이드에 다른 향을 첨가하기도 했어요.
1851년의 레시피를 기반으로 한 이 레모네이드는 오렌지 제스트로 달콤한 향을, 정향으로 미묘한 풍미를 더했습니다.

 4인분 만들기

설탕 3/4컵(150g)
물 3과 3/4컵(887㎖), 나누어 준비한다.
레몬 제스트 2큰술(12g)(105쪽 노트 참조)
오렌지 제스트 1큰술(6g)(105쪽 노트 참조)
통 정향 2개
생 레몬즙 1과 1/2컵(355㎖)(레몬 6~8개)
레몬 슬라이스, 장식용(선택)

1. 시럽을 만들기 위해서, 중간 크기 소스 팬에 설탕, 물 3/4컵(177㎖), 레몬 제스트, 오렌지 제스트, 정향을 넣는다. 중불에서 설탕이 녹을 때까지 계속 저으면서 가열한다. 불에서 내리고 실온으로 떨어질 때까지 약 30분간 식힌다. 시럽을 가는 체에 내려 작은 볼에 담는다. 정향과 제스트를 버린다.

2. 큰 유리병에 시럽, 레몬즙, 남은 물 3컵(710㎖)을 넣는다. 레몬마다 신 정도가 다르므로 원하는 농도에 맞추어 물을 가감한다. 얼음을 넣은 잔에 따라 낸다. 원한다면 레몬 슬라이스로 잔을 장식한다.

마당에서 즐기는
레모네이드와 점심 식사 차림표

🍓 에이미의 레모네이드
🍓 올리브, 당근, 무 렐리시 트레이
🍓 치즈, 버터, 셀러리 샌드위치(34쪽)
🍓 베어 씨의 초콜릿 드롭을 올린 바닐라 버터 쿠키(79쪽)
🍓 에이미의 '라임 피클' 슈거 쿠키(75쪽)
🍓 레몬 크림을 곁들인 블랙 라즈베리 젤리케이크(101쪽)

에이미의 거품 올린 프랑스식 핫초코

 4~6인분 만들기

AMY'S FROTHY FRENCH DRINKING CHOCOLATE

우유 혹은 2% 탈지유 3컵(710㎖)

헤비 크림 1컵(235㎖)

초콜릿 114g, 잘게 조각낸 것.

"차가운 소 혓바닥 요리와 닭, 프랑스 초콜릿과 아이스크림도 곁들여야 해요. 친구들은 그런 것에 익숙해요. 제 형편이 어렵지만 그래도 점심을 제대로 우아하게 준비하고 싶어요." –에이미

에이미는 미술학교 친구들을 위해 대단한 파티 계획을 세웠습니다. 마치 부인은 케이크, 샌드위치, 과일, 커피를 대접하자고 말했지만, 에이미는 프랑스식 초콜릿을 비롯해서 최고급 음식들을 차려내고 싶어 했죠.

'프랑스식 초콜릿'이란 뭘 말하는 걸까요? 실마리는 몇 페이지 뒤에 나옵니다. 안타깝게도 에이미가 "초콜릿에 거품이 제대로 생기지 않은 것"을 발견한다는 구절이 있거든요. 에이미는 초콜릿 밀이라는 이름의 장치를 통과시켜서 만드는 초콜릿 음료를 손님들에게 대접하려고 한 것 같습니다. 이 기계 장치를 이용하면 카푸치노 위의 거품과(그만큼 밀도가 높지는 않지만) 비슷한 거품층이 생깁니다.

다음에 핫초코를 만들 기회가 생기면 이렇게 거품을 만들어 에이미 스타일의 우아한 음료로 만들어보세요.

---

1. 큰 소스 팬에 우유와 크림을 넣고 중약불에 올려 김이 나되 끓기 직전까지 가열한다. 팬을 불에서 내린다. 초콜릿을 넣고 약 5분간 놓아둔다.

2. 거품기를 이용해서 음료가 부드러워질 때까지 휘저어준다. 거품층이 생길 때까지 맹렬하게 휘젓는다. 중약불에 다시 올려 온도를 높인 후 상에 낸다.

감사의 말

댄 로젠버그Dan Rorsenberg로부터 이 책을 써달라는 요청을 받은 것은 제게 큰 행운이었습니다. 소설가이면서, 요리책을 쓰고, 유서 깊은 레시피들을 사랑해 마지않으며, 옛 것에 깊은 애정을 느끼는 제가 이 일에 신이 나서 달려들 것을 그는 알고 있었습니다.

몇 년 전《본 팜므 쿡북The Bonne Femme Cookbook》에서 했던 것과 마찬가지로 레시피를 찾고 개발하는 일에 힘을 보태준 엘렌 부커Ellen Boeke께도 감사를 전합니다. 루이자 메이 올컷에 대한 그녀의 애정과 이 프로젝트에 대한 열정은 제 것과 얼마나 닮아 있던지요! 그녀는 이 책을 더 좋은 책으로 만드는 데 큰 도움을 주었습니다. 또한 카피 에디터 카렌 와이즈Karen Wise와 다시 일할 수 있어서 행운이었습니다.

하티트러스트 초기 미국 요리책 디지털 도서관HathiTrust Digital Library of Early American Cookbooks 덕분에 올컷 시대의 요리를 상상했던 것보다 훨씬 깊이 들여다볼 수 있었습니다. 그곳에 소장된 자료들은 대부분 큰 도움이 되었지만 때로는 일을 지연시키는 방해꾼이 되기도 했습니다. 그 시대의 레시피와 다양한 요리 기법에 빠져서 마감일은 잊고 몇 시간씩을 보내기도 했으니까요.

그리고 사랑하는 남편, 데이비드 울프David Wolf께도 감사의 마음을 전합니다. 그동안 당신과 함께 식탁에 마주 앉았던 것은 제게 정말 큰 기쁨이었습니다!

루이자 메이 올컷에 대하여

루이자 메이 올컷Louisa May Alcott은 아비게일 메이Abigail May와 아모스 브론슨 올컷Amos Bronson Alcott 슬하에서 둘째 딸로 태어났다. 초월주의자이며 교육 개혁가였던 그녀의 아버지는 생계를 잇는 데 어려움을 겪었다. 자연히 올컷의 유년 기와 청년기 내내 그녀의 가족은 가난하게 살았다. 루이자 메이 올컷은 품삯 바느질꾼과 교사로 일을 시작했고, 배우 로서 무대에 오르기도 했으며, 남북전쟁 중에는 간호사로도 활동했다. 어린 나이에 글을 쓰기 시작해서 17세가 되던 1849년 첫 소설을 완성했다. 하지만 이 소설은 생전에 출간되지 않았다. 20대 내내, 그리고 30대 초반까지 올컷은 가 계를 돕기 위해 대중지에 선정적인 스릴러를 잇달아 발표했다. 그러다가 1868년 한 출판업자가 젊은 여성 독자를 위 한 책을 써달라고 의뢰하자 그녀는 자기 가족의 경험을 담은 《작은 아씨들Little Women》을 썼다. 탈고까지 6주가 채 안 걸렸다. 2권은(현재는 두 권을 묶어 한 권으로 취급하고 있다) 1869년 발표되었다. 올컷은 계속해서 《작은 아씨들》의 속 편인 《작은 신사들: 조의 신사들과 함께하는 플럼필드의 생활Little Men: Life at Plumfield with Jo's Boys》, 《조의 신사들, 그들은 어떻게 되었나Jo's Boys, and How They Turned Out》를 비롯해 여러 작품을 집필해 발표했다. 올컷은 평생 결혼하지 않았다. 그 녀는 1888년 숨을 거두었다.

작가에 대하여

위니 모란빌Wini Moranville은 25년간 음식 작가와 편집자로 활동해왔다. 그녀는 《본 팜므 쿡북: 프랑스 여성들이 일상적 으로 요리하는 간단하고 맛있는 음식The Bonne Femme Cookbook: Simple, Splendid Food That French Women Cook Every Day》의 저자이며 여러 요리 잡지와 웹사이트에 글을 기고해왔다. 그녀는 긴 역사를 가진 레시피들에 특히 관심을 가지고 있으며 1928 년부터 2000년대 초기까지 〈베터 홈즈 앤드 가든즈Better Homes and Gardens〉에서 가장 인기 높았던 레시피들을 모은 책, 《테스트 키친 페이보릿Test Kitchen Favorite》의 리서치와 저술을 맡기도 했다. 단편 소설집 《레코드 플레이어The Record Player》 도 냈다. 프랑스와 루이자 메이 올컷의 열성 팬인 위니의 다음 프로젝트는 작가의 프랑스 여행의 발자취를 좇는 여행 기다. 여행을 하지 않을 때면 남편과 아이오와 디모인에서 생활한다.